多孔材料吸附基本理论

郭泽宇　张明辉　贺　勤　编著

科学出版社
北京

内容简介

本书主要阐述了以多孔固体和高分散性固体为主要代表的多孔材料，介绍了多孔材料的分类、结构特点及表征方法，包括微孔材料、介孔材料和大孔材料等；深入剖析了吸附的热力学基础，从能量角度解读吸附过程中的热效应、自由能变化等；分别讨论了各类吸附等温线的基本概念与适用情况，同时讨论了 BET（Brunauer-Emmett-Teller）方程和开尔文方程对各类吸附等温线的适用性和局限性，在此基础上，结合最近研究进展和文献讨论了新近提出的孔结构分析方法，对微孔和中孔的测定与分析做了较为详细的讨论，同时与传统的压汞测定方法做了对比，最后对几种试验方法做了总结。

本书可供环境科学与工程、化学、材料、石油化工、冶金、建材和高分子材料专业领域从事比表面积和孔径分布研究的科研工作者、高等院校教师和研究生参考。

图书在版编目（CIP）数据

多孔材料吸附基本理论 / 郭泽宇, 张明辉, 贺勤编著. -- 北京 : 科学出版社, 2024. 12. -- ISBN 978-7-03-078689-0

Ⅰ. TB383

中国国家版本馆 CIP 数据核字第 2024BC3462 号

责任编辑：周　涵　郭学雯 / 责任校对：彭珍珍
责任印制：张　伟 / 封面设计：无极书装

科学出版社出版
北京东黄城根北街 16 号
邮政编码：100717
http://www.sciencep.com
北京中石油彩色印刷有限责任公司印刷
科学出版社发行　各地新华书店经销
*
2024 年 12 月第　一　版　开本：720×1000　1/16
2024 年 12 月第一次印刷　印张：12 1/2
字数：231 000

定价：98.00 元

（如有印装质量问题，我社负责调换）

前　　言

在材料科学的广袤领域中，多孔材料以其独特的结构和性能成为众多研究与应用的焦点。而对多孔材料吸附现象的理解和掌握，不仅是深入探究材料性质的关键，更是推动相关技术发展和创新的基石。正因如此，本书作者怀着对科学的敬畏与热忱，撰写了这本《多孔材料吸附基本理论》。撰写本书的初衷，是为了满足学术界和工业界对多孔材料吸附知识的系统梳理和深入阐述的需求。在当今的科技发展浪潮中，多孔材料在气体分离与储存、催化、环境保护等诸多领域发挥着日益重要的作用。然而，要实现这些应用的优化和创新，就必须对吸附基本理论有深刻的理解。

回顾多孔材料吸附这一学科的发展历程，它犹如一颗璀璨的星辰，在科学的天空中不断闪耀。从早期对简单吸附现象的初步观察和定性描述，到逐渐发展出一系列定量的理论模型和实验方法，每一步都凝聚着无数科学家的智慧和努力。随着现代分析技术的不断进步，我们对多孔材料的结构和吸附行为的认识也日益精细。但与此同时，新的问题和挑战也不断涌现，促使我们不断拓展和深化这一领域的研究。在本书的撰写过程中，作者力求将经典理论与最新的研究成果有机融合，为读者呈现一个全面而又与时俱进的知识体系。希望通过对多孔材料的结构特性、吸附热力学和动力学原理、吸附等温线模型等核心内容的详细讲解，能够帮助读者建立起坚实的理论基础。同时，书中也引入了大量的实际应用案例和实验数据，旨在让读者能够将理论知识与实际问题相结合，更好地理解和运用所学。

本书作者衷心希望本书能够成为广大科研工作者、工程师以及相关专业学生的有益参考，为推动多孔材料吸附领域的发展贡献一份微薄之力。愿每一位读者都能在这一知识的海洋中畅游，汲取智慧的养分，为未来的科学探索和技术创新注入新的活力。

本书参考有关吸附的基本理论与实验数据，分别讨论了固体中孔的产生及多孔固体分类、吸附的基本理论、常见吸附等温线、各类固体比表面积和常用孔结构的测定方法等内容。全书共 8 章，其中郭泽宇撰写了第 1～8 章的内容（约 185 千字），张明辉撰写了第 7 章部分内容（约 23 千字），贺勤撰写了第 8 章部分内容（约 23 千字）。

本书的出版得到了国家自然科学基金项目（51962029，31860185），内蒙古自然科学基金——杰出青年科学基金项目（2022JQ08），内蒙古自治区直属高校基本科研业务费项目——杰出青年培育基金项目（BR230302），内蒙古自治区科技重大专项（2020SZD0024），内蒙古农业大学高层次人才引进科研启动项目（NDGCC2016-20），内蒙古自治区直属高校基本科研业务费项目（BR230115），内蒙古自治区自然科学基金项目（2023LHMS03058，2023MS03027）等的大力支持，在此表示衷心感谢。

限于作者水平和时间，本书不妥之处在所难免，请读者批评指正！

作　者

2024 年 3 月 1 日

内蒙古农业大学

目 录

第 1 章　孔的产生及多孔固体分类

1.1　各类孔产生的根源

在讨论固体表面性质时，区分内表面和外表面是有好处的。图 1.1 中圆形曲线代表的孔壁显然是内表面，而长直线部分所代表的一般是外表面。但在不少情况下，这类区分是不清楚的，初级颗粒表面受非理想的影响而深入到内部的表面将是内表面，而超临界劈裂片将形成外表面。这种区分外表面和内表面的随意性在实际中是很有用的，许多多孔表面积实际上都是内表面积。为什么会这样呢？这里有必要讨论一下孔产生的根源，这样的讨论不仅对多孔固体的分类有着重要性，而且对以下问题具有重要意义：①孔结构的控制，例如，对孔结构作裁剪以适应特殊应用；②引起变换状态的条件控制，用以在制备和以后储存以及在实际使用时改进其结构；③在作孔结构分析时提供实际的孔模型。以下内容简要讨论一下成孔原因。

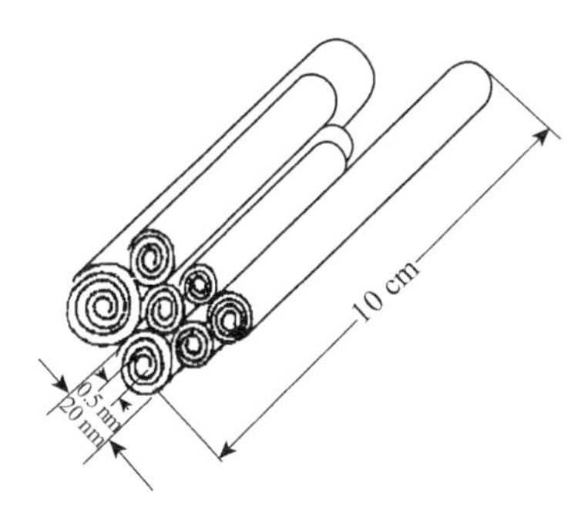

图 1.1　温石棉纤维

1.1.1　挤压粉末成型中的孔

在由球形无孔粉末颗粒挤压成型的大颗粒中，会形成很好的较为均匀的孔结构，孔之间的空间由粉末粒子间隙构成，孔体积与粒子大小和平均配位数目有关。

在实际结构中几乎不可能有全部由均匀小球组成的理想堆砌，非理想性产生的原因主要有三个：①粒子几乎不可能是大小和形状均一的球体；②平均配位数极难像紧密堆砌的固体那样，不可能为12（如六方密排和面心立方晶格），配位数为8或更小的局部区域的分布一般是无规则的；③这类固体的结构受压力和温度的影响极大。前两个原因是无须说明的，我们只简单讨论温度和压力的影响。

当温度升高时要发生烧结，烧结过程先是消除粉末粒子内的空隙，然后粒子相互黏结，最后发生收缩，产生不规则的空隙。挤压力不仅使孔体积减小，在大多数情况下也使比表面积减小，这是因为对于很细的粒子，挤压时粒子会相互黏结。研究表明，压力的影响极大地依赖于固体粒子的机械性质。例如，对于氯化钠（NaCl），结构受塑性变形支配；而对于蔗糖和煤，挤压对结构的影响受粒子的断裂支配。对于蔗糖，碎片移动以挤掉可利用空间；而对于煤，碎片倾向于保持楔形，这类挤压有助于结构的封闭。因此，挤压力只引起比表面积中等程度的变化。有时，压力会引起断裂，因而所需烧结温度降低。

总而言之，挤压成型的多孔固体粒子在形状上总是不规则的，大小也是不均匀的，不可能形成规则的排列，平均配位数一般小于12，因而多孔固体的孔结构是无规则的、难以预测的。粒子越不规则，平均配位数越低，不规则空隙越大且越多。这类不规则空隙在烧结时有相当一部分会保留，另一些则会消除。在大小不等的粒子挤压时孔结构就变得更复杂了。

1.1.2 胶体中的孔

从溶液制备的金属氢氧化物、水合氧化物胶和沉淀能产生极不相同的孔结构。一旦胶体形成，开始老化即进行不可逆结构和性质的变化，直到液相除去。老化也分为三个步骤：①凝聚；②聚集硬化；③晶体长大和再结晶。步骤①通常伴随大比表面积的发展和微孔空隙率的产生；步骤②使比表面积特别是微孔受到损失，使中孔发展；步骤③使孔消失，最终产生稳定的低或无空隙率的结晶固体，这是一个缓慢的过程，但加热可使其加速进行。

一般来说，除去胶体中的液相会使这三个步骤进行的速率减慢。在特定情况下，液体的消失本身可产生不一般的特征孔结构。例如，用超临界方法除去液相而得到的气溶胶，有稳定的大孔体积和比表面积。这种颗粒的平均配位数很低，一般在2～2.5。当加热时孔体积显著减小，但比表面积变化不大。不溶化合物的沉淀也生成胶体，但不同于氢氧化物，沉淀后的老化步骤比较简单，主要是晶体长大以及较小、较不完整晶体的消失。从这类沉淀得到的多孔固体的孔结构，类似于挤压粉末粒子形成固体的孔结构，而不同于氢氧化物胶体的孔结构。在某些情况下，初级固体能够与水发生进一步的化学作用，通过拓扑化学和溶液机理形成胶体。这类胶体在充水的初级结构中沉淀，然后进一步发生组成变化并收缩，产生特征性的微孔结构。最典型的例子是水泥和石膏。这类固体的孔结构特别重要，因为它直接影响水泥糊和石膏糊的机械性质和其他工程性质。

1.1.3　稳定晶体中的孔

这类固体的典型例子是众所周知的沸石和“分子筛”。其晶体内的微孔结构是由晶体内孔道、缝或笼组成的，且有均匀的尺寸和规则的形状。在沸石内部，笼是由直径为 0.4～1 nm 的窗口相连。由于沸石的热稳定性好，它已被广泛用作催化剂和吸附剂，因为在高温和压力下，小分子可以进入其晶体内部。另一类是与沸石行为不一样的笼形包合物，它只有孤立的笼，客体分子不在时其结构是不稳定的，一旦晶格形成，客体分子就被捕集，只有当整个结构分解时，客体分子才能放出来。

另一类在技术上有潜在应用价值的多孔矿物是温石棉：它有纤维形的几何形状，在空气中不仅能石棉化，而且能产生间断节。在化学组成上它是纯硅酸镁，形成螺旋层的分子绕成直径约 20 nm 的纤维，纤维紧密叠成直径为数微米的纤维圈用作过滤器或垫圈。这类毡子的空隙具有大孔尺寸，而纤维轴方向上纤维间隙和孔洞具有中孔或微孔尺寸。毡子层间的空隙，一般气体分子难以接近，因此是超微孔。

1.1.4　热过程和化学过程产生的孔

（1）焙烧：当固体母体 A 被煅烧产生固体产品 B 和气体 C 时，一般能得到有空隙的固体产品，并使比表面积增加，尽管 A 是无孔的。例如氢氧化物、碳酸盐和草酸盐的煅烧。一般认为，在分解时，每一 A 晶体产生许多 B 晶体，其数目与母晶体中核的数目有关。生成的 B 晶体是亚稳态的或是 A 的准晶体，如果温度较高或受热时间过长，易于再结晶和烧结。活化（分解）和烧结（再结晶）两过程的同时作用，使比表面积对煅烧温度关系曲线出现一最大值。水的出现常使烧结加速，这是焙烧占支配地位的最普遍的机理。这一组固体孔结构的控制是不容易的。外部变量是温度、加热时间和气氛，基本的内部变量是分解母体物料的晶核数目，这也是不易控制的。

（2）化学处理：欲使非多孔或不活泼固体产生空隙，可用化学试剂处理，使某些组分溶解，形成多孔的骨架。最熟知的例子是用酸处理耐热耐融玻璃。这类固体的孔结构至少与两个变量有关：①动力学因素，如浓度、温度、反应时间和速率常数；②母体的物理结构。化学处理固体产生的孔结构主要取决于母体物料的结构。

化学处理产生空隙率的另一个著名例子是骨架镍（Raney nickel）的生产。此类固体的孔结构与前述情形不同，也与无机胶体产生的孔结构不同，而且极难控制，这类产品有高的熔点，在水中的稳定性极低。基于固态扩散和溶液传输的晶体长大机理，不可能得到在通常制备条件下的高活性。伴随有局部电池反应，以阳极氧化、阴极还原作为传输机理。当有氢氧根离子和铝酸盐离子存在时，金属镍的电化学机理是非常复杂的，它与通常反应条件下镍的行为是很不相同的。

（3）联合热和化学过程：热裂解是生产活性炭的常用过程。在无空气条件下产生的炭是低比表面积的，可用蒸气或二氧化碳活化。在活化处理阶段，炭中空隙率的发展是化学和热反应联合作用的结果，氧化烧去某些组分，共同作用使比表面积增加并产生吸附活性位，在这些过程中有时使用有催化作用的化学添加剂。仔细调整反应条件，产品中的孔可以包括大孔、中孔和微孔等整个范围的孔，最终的孔结构也取决于活化前固体的性质。如果被热解的初始固体里交联聚合物，在加热分解时可保留许多原始构形，发展的固体的表面张力在决定孔构形时不起重要作用；如果是线型聚合物被热裂解成相对分子质量低的物质，如煤的热解，那么加热时物质挥发前就聚合，分解完成前形成软化固体或非常黏的液体。逸出的气体形成气流，表面张力使孔基本为球形。最后发生交联，使总孔结构得以形成。这类固体因比表面积低、孔很大，在催化和吸附过程中无法发挥作用。

总之，只有使聚合交联和分解等化学反应很好地平衡，才能由热裂解方法获得有用的多孔固体，最后的活化可增加其比表面积。

1.2 复合孔结构

前述已经说明，实际体系的孔结构都是复杂的，由不同类型的孔组成，例如水泥糊胶体中的微孔和纸张中的复杂孔体系。纸张、毡化纤维形成大孔体系，而细胞壁形成的是中孔或微孔。另一类次级孔由所谓的“内绒毛”构成，内表面在分子尺度上是不光滑的。由图 1.2 可知，经常有直径小于有效孔直径的晶体物质出现，这类物质的化学组成可与基本固体相同或不同。具体的例子如黏土或多孔石灰。

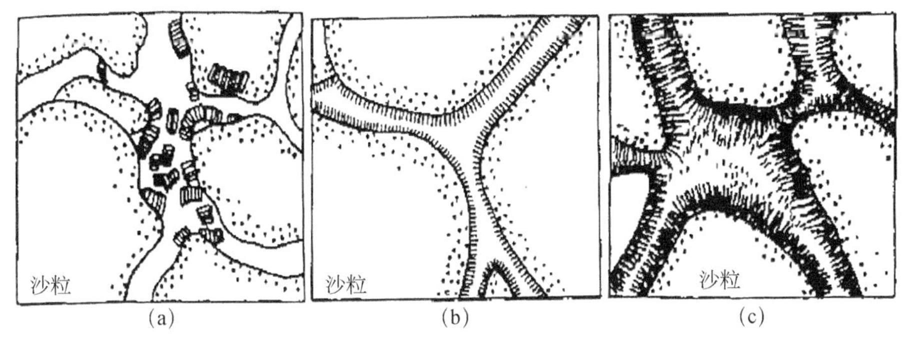

图 1.2　在沙土、黏土中的孔形貌的三种基本类型

1.3　孔体系分类

孔结构的分类可从几个基本类型开始，然后建立它们的各种组合。下面在模型过程（如流体流动、液体渗透及气体在单层多层区吸附）的基础上，作简单的分类叙述。

基于“孔或海绵概念”，图 1.3 中的模型表示了在固体中空隙的存在。图 1.3（a）是典型的圆柱孔，并加了一个大小与主孔相同的分支，在分支点处孔壁的曲率半径可与孔本身的半径相比较，这类孔模型在某些基元计算中是有用的。图 1.3（b）是一串相连的泡。在含有液体流的计算中它是一个有用的模型，对流动的阻力在颈口部分，容量在泡部分。当然，大泡的连接部分可以有分支的孔模型，如图 1.3（d）～（f）所示。这样一来，得到的是比较接近某些真实孔的孔结构，如在烧结、粉末化固体中出现的孔结构。图 1.3（c）是有楔形裂纹的圆柱孔模型，其中心孔的两端为边孔所堵塞。这个模型可作为某些固体孔结构的代表。这类固体由球形或多面体粒子挤压固化烧结而成，因此还未除去与粒子相接触的点或面，保持着粒子间的桥接状态。图 1.3 中所画的中心圆柱孔代表在固体局部区域中最大直径的通过孔。这一孔的模型和图 1.3（d）和（f）中所指出的模型在 Washburn 的流体孔渗透处理中是有用的，因为它在固体上形成了非零的接触角。图 1.3（d）明显与图 1.3（c）有关，只是楔形或锥形缝被与其他孔相连的直通孔所代替。图 1.3（c）中，使用不同直径的无规则分布连接管道来代替楔形缝，它可用于流体通过多孔体系的渗透或流动的统计计算。图 1.3（f）表示粒子（棒或薄片）中存在盲孔并从孔壁延伸至内部时的孔模型。

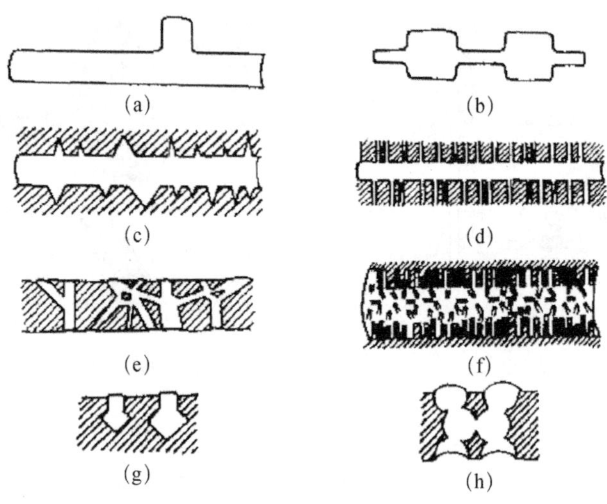

图 1.3　基元孔的简化分类和孔类型的组合

（a）圆柱孔；（b）连接气泡孔；（c）有楔形裂纹的圆柱孔；（d）有边孔的圆柱孔；（e）任意相连的管状孔；（f）墨水瓶孔；（g）相连的墨水瓶孔；（h）近似球形孔

对多孔物料描述的另一种处理（即“颗粒型概念”）来自于粒子间有接触和有堆砌而形成的粒间空间。这类模型的一个例子是众所周知的如图 1.4（a）所示的裂缝模型。这一模型是讨论溶胀现象和凝聚现象的基础，它与圆柱孔模型是不同的。图 1.4（b）是多组相接触的圆柱体，其中的配位平均数目小于紧密堆砌的配位数。图 1.4（c）表示圆柱的无规则排列而不是接触，这些圆柱对应于锚定在孔壁上的纤维。图 1.4（d）代表交联棒的体系，显然棒间空隙是相当复杂的几何体。图 1.4（e）是相接触的均匀球的结构，其排列类似于图 1.4（b）。

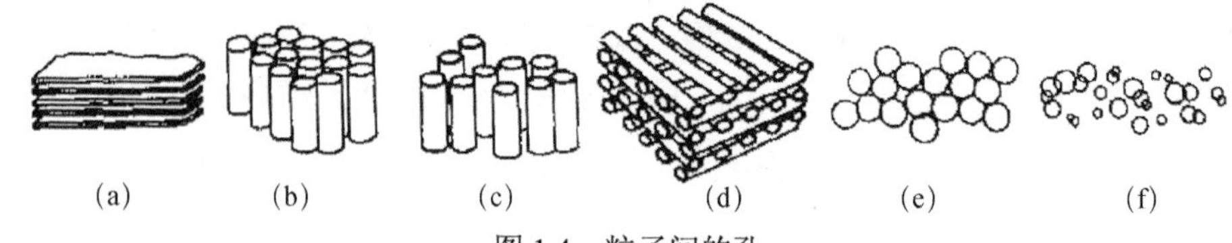

图 1.4　粒子间的孔

（a）平行板间的裂缝孔；（b）堆砌圆柱体；（c）孤立圆柱棒；（d）交联棒；（e）堆砌的均匀球；（f）灰尘气体

Karnaukhov 强调了每一个固体/体系在数学上能转化到对应的孔/固体体系的

思想。这一点很重要，因为粒子间的孔几何体要比粒子本身复杂得多。按照转换规则，对体系的一碎片的描述能为其他碎片提供完整的信息。Karnaukhov用这个方法计算了某些大小均匀粒子的简单几何体系的比表面积、空隙率和孔结构曲线。使用颗粒型概念的最一般处理是“灰尘气体”模型，这里不再详细介绍。

总而言之，按空隙形状观点对孔体系进行分类，其最简单的形式有：①球形孔：这类孔通常为相互接触的粒子间形成的空隙，其形状有赖于固体的形态和配位数目。在大多数情况下，球形粒子得到准圆柱孔或孤立的笼或像螺管洞那样的空隙，这与堆积模式有关。片状粒子在多数情形下得到裂缝状空隙。②裂缝形孔：片状粒子在多数情形下得到的空隙为裂缝状空隙。③圆柱形孔：这类属于螺管网状空隙，在拓扑学上可认为是直的相互连接的圆柱孔，但在一端是封闭的。④墨水瓶形孔：上述各类空隙都有“孔颈”，它是较大空隙的颈口，即墨水瓶孔。⑤沸石类型孔：这类孔是稳定的，但被“颈口”所控制，可认为是圆柱形孔和墨水瓶形孔的中间状态。⑥复合形孔：一般为以上5种形态孔的组合态。综上所述，最普遍的空隙形态是球形孔、裂缝形孔、圆柱形孔、墨水瓶形孔和复合形孔，第5种孔形较不普遍，是圆柱与墨水瓶形的中间态。

1.4 实际固体

即使是理想晶体，其吸附能也随晶面而异。一个实际固体往往有微晶存在，微晶暴露出来的不同的比例不仅取决于晶格本身，而且取决于晶体的惯态；微晶大小不同，晶体外形可能完全改变。由于微晶的生成对制备样品的条件极为敏感，所以固体的所有吸附剂性质不仅取决于吸附剂的化学本质而且取决于它的制备方法。

然而，实际中不仅是两个或多个不同晶面暴露在固体表面上，结晶表面本身也与理想模型相去甚远。实际固体的表面很容易包含各种缺陷，其中包括解理阶梯、位错和点缺陷。解理阶梯可用图1.5作说明。图中h_1和h_2的阶梯高度可能在一到十甚至几百个原子直径的范围内变化。解理阶梯的存在已经直接或间接地用电子显微镜和Tolansky发明的多光束干涉法证明。位错是晶体内原子尺度上的一种重要的错合区，刃型位错和螺型位错是两种最重要的位错。

点缺陷既可能是一个或多个离子的一种空位，也可能是完全空缺，或者可能是一种间隙。这些离子占据着晶隙位置而不在其正常位置。点缺陷还可能是杂质

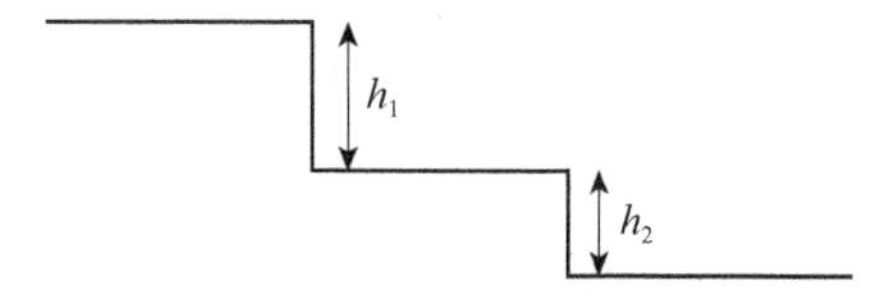

图 1.5　固体表面上解理阶梯的图解

缺陷，即固体所固有的离子被杂质离子所取代。也可能存在晶格扭曲，即可观数量的晶格离子未处于其平衡位置。本质上，扭曲大概率是由高浓度位错和缺陷构成的。缺陷的存在必然导致表面能量不均匀，当分子沿平行于表面的一条假想直线运动时，势能曲线就不再显示一种简单的周期性了，特别是当表面上不同点的值不规则地改变情况存在时，而其变化方式一般还难以作详细的数学描述。

1.5　固体的表面与孔

气体分子为什么能被固体表面吸附呢？这是因为固体表面的分子与内部分子不同，存在剩余的表面自由力场，当气体分子碰到固体表面时，其中一部分就被吸附，并释放出吸附热。在被吸附的分子中，只有当其热运动的动能足以克服吸附剂引力场的势垒时才能重新回到气相，所以在与气体接触的固体表面上，总是保留着许多被吸附的分子。在通常情况下，我们所接触的是大块固体，这样每单位重量的物质所具有的表面积是较小的，故表面能的作用不明显，吸附现象也不明显。但是对于高分散的固体粉末来说，每单位重量的物质所具有的表面积就很可观了，例如对于圆球形小颗粒，它的比表面积 S（每克物质所具有的表面积）可以表示为

$$S = n4\pi r^2 = \frac{4\pi r^2}{\frac{4}{3}\pi r^3 \times \rho} = \frac{3}{\rho r} = \frac{6}{\rho d} \tag{1-1}$$

其中，n 为每克物质包含的小颗粒数，r 和 d 分别表示小颗粒的半径和直径，ρ 为固体的密度。由式（1-1）可见，比表面积与颗粒大小成反比，即颗粒越小，比表面积越大。若设 ρ=3.0 g/cm^3，d=1.0 μm，则 S=2.0×10^4 cm^2/g（或 2 m^2/g），可见对于这样的小颗粒，表面能的作用即吸附作用就显得很突出了。在以上的计算中，我们实际上将每个颗粒当作无孔的看待，所以计算的表面积称为外表面积，而当每个颗粒内部还包含许多不同形状的孔时，颗粒内部细孔的表面积即为内表面积，它通常比外表面积还要大几个数量级，孔越小越多，表面积就越大。例如，

一般的色谱固定相比表面积通常为每克数百平方米，而活性炭比表面积可达每克 1000 m^2 以上。这时，表面积及孔结构对许多物质的物理化学性能，以及在其上进行的物理化学过程的影响就更重要了。例如，异相催化反应是在催化剂微孔的表面上进行的，催化剂的表面状态和孔结构可以影响反应的活化能及级数，所以在石油炼制过程中，尽管使用同一化学成分的催化剂，但是由于催化剂在比表面积和孔径分布上有差别，所以可能导致在混凝土制品中油品产量和质量有极大差别，孔结构的不同可以导致许多机械性能及防冻性能有很大的不同；比表面积的差别可以使得化学电极在容量上相差甚远；而对吸附剂来说，比表面积和孔结构更是两项重要指标；又如粉末冶金的原料、橡胶中的填充料等，其分散度的大小也通常是用比表面积来表示的。由此可见，固体的比表面积及孔结构对于许多生产和科研项目都是极重要的参数。

1.6　多孔固体与大比表面积非孔固体

实际上，吸附法用于研究比表面积和空隙率只限于高分散固体或具有发达孔系统的固体。我们首先讨论高分散体。一定质量固体的表面积反比于其颗粒组成的尺寸。例如，对于棱长为 l 的立方体这种理想情况，比表面 A（即 1 g 固体的表面积）由下式给出

$$A = \frac{6}{\rho l} \tag{1-2}$$

式中，ρ 为固体密度。例如，若 ρ=3 g/cm^3，l=1 μm，则比表面为 2 m^2/g。对于实际粉体，其颗粒尺寸不等、形状也不规则，计算式会更复杂，但是，式（1-2）仍然能用来粗略地计算比表面。

细粉粒子（原级粒子）在表面力作用下会比较牢固地黏附在一起形成次级粒子。若相邻粒子间的结合弱，这种集合体容易再次破碎，则这样的集合体叫做聚集体。当升高温度或施加机械压力时，原级粒子牢固地结合在一起，这样的次级粒子叫做凝结体。在次级粒子内，原级粒子间的空隙和次级粒子间的空隙一起构成孔系统。孔系统中各个孔的形状和大小与原级粒子及次级粒子的形状和大小有关。虽然原级粒子原则上几乎可能取任何形状，但实践中经常遇到两种特殊形状（球形和板形）。例如，硅凝胶原级粒子，若制备适当，则为近似球形的等大小粒

子；氧化铁和氧化铝凝胶原级粒子，若制备适当，则为板状粒子。

聚集体或凝结体中的孔壁分别为球表面和板平面。具体的孔形取决于粒子组成的尺寸分布及堆积方式。板状粒子可能出现楔形孔，在适当环境中还可能形成边缘几乎平行或完全平行的缝隙。球形粒子的堆积紧密性可以简便地用配位数 N 表示，N 为与某一粒子直接接触的相邻粒子数。在所有球形粒子大小相等的理想情况下，六方密堆积的 N 值为 12，四面体堆积的 N 值为 4。对于极为疏松的结构，N 值可能降到 2。

1.7　外表面与内表面

当讨论大比表面固体的表面性质时，区分外表面和内表面是重要的。然而，在许多情况下，当原级粒子表面有裂缝、裂纹等缺陷时，内外表面的区分就不那么清楚了。要在内、外表面之间划一条分界线也不具有特定的意义。但是，外表面多半包括所有的表面凸出部分和所有宽大于长的裂缝。因此，内表面则将由所有长大于宽的裂纹、孔和空腔组成。尽管这种划分具有任意性，但是区分内、外表面还是有用的。由于各种各样的多孔固体的内表面比外表面大几个数量级，因此，固体的总表面积中主要是内表面积。这种多孔固体不仅包括原级粒子的聚集体，而且也包括从固体中除去一部分母体而形成大内表面的孔系统。用消去法形成活性固体的具体方式有很多。例如，母体固体有复合结构时就可以用优先分解或蒸发的方法消去一个组分：用苛性钠处理骨架镍-铝合金而消去铝的方法制备骨架镍就是一个实例，局部石墨化炭的控制燃烧是用化学手段制孔的另一个实例。此时，燃烧沿沟道进行，从而使沟道渐渐变得更长更宽。形成孔系统的另一种方法是用下述热分解反应：

$$固体\ A \longrightarrow 固体\ B + 气体$$

这种方法的实例，如煅烧白垩或石灰石生产石灰，煅烧时失去挥发性组分从而形成发达的孔系统和与孔系统相联系的大表面积。应该指出，内表面一词通常限指晶粒外部的空腔而不包括封闭孔壁。

气溶胶是一个大比表面的有趣实例，气溶胶的整个外表面实质上都是由分散的、没有裂缝裂纹的细粒子组成的。一旦气溶胶沉积稳定之后，它们的粒子便互相接触形成聚集体。但是，如果粒子是球形的，尤其是粒子材质坚硬，那么 γ 粒子间相互接触的面积就非常小，粒子间的结合很弱，以致在机械运输过程中会使许多结合点断开，或者在进行吸附实验时被吸附质膜撬开。在适当条件下，絮凝样品可能具有十分疏松的结构，就吸附性质而言，其行为完全与非孔的物质相同。这是一类重要的固体物质，因为它们与标准吸附等温线有关，在用吸附法计算比表面和孔径分布的过程中，标准等温线起着重要作用。

1.8　孔尺寸分类

固体的孔系统有许多不同种类。在一定的固体内的孔以及不同固体中的孔，其大小和形状都有很大变化。就许多应用目的而言，特别有意义的孔特征是孔的宽度，例如，圆柱形孔的直径或板形孔的板间距。按照孔的平均宽度进行分类，是由 Dubinin 提出来的。现在，这种分类法已经被国际纯粹与应用化学联合会正式采纳，见表 1.1。

表 1.1　孔尺寸分类

孔的类型	孔宽
微孔	<2 nm（<20 Å）
中孔/介孔①	2～50 nm（20～500 Å）
大孔	>50 nm（>500 Å）

注：①用此名词取代较早的名词“中间孔”（intermediate pore）和“过渡孔”（transitional pore）。

这种分类法的基础是，每一个孔尺寸范围都与表现在吸附等温线上的特征吸附效应相对应。在微孔中，由于孔壁最接近，其相互作用势能要比更宽孔中的势能高得多，在一定相对压力下的吸附量也相应地增高。在中孔中，发生毛细凝聚，吸附等温线具有特征滞后回线。大孔尺寸范围很宽，因为相对压力与 *l* 非常接近，实际上不可能详细画出等温线。

各类孔之间的界线并不严格也不固定，它取决于孔的形状和吸附质分子的本质（特别是分子极化率）。比如，吸附出现增强的最高值 ω（因而也是最大 p/p_0 值）亦即微孔范围上限，是随吸附质的不同而异的。实际中常常出现微孔效应，这种效应是当 ω 值（即相应的相对压力值）仍低于滞后回线起点的相应值时，相互作用势能的增长（由此产生吸附量增长）就停止了。因此，近年来把微孔细分为极微孔（ultramicropore）（极微孔中发现吸附增强效应）和超微孔（supermicropore），超微孔的孔径范围在极微孔与中孔之间。上述微孔的特性将在阐述微孔的章节中详细论述。

总的说来，在固体中存在一个宽广而连续的孔尺寸范围，此范围从大孔开始经中孔、微孔直至裂纹、位错以及点缺陷形式的亚原子“孔”。把这种情况和由不同波长电磁波组成的连续光谱作类比，看来是很贴切的。但这样类比又暗示了一种危险，即无意识地假设：大自然赋予固体大小不同的孔，为的是适应迄今已经发明的特殊科学仪器和方法。

第 2 章　吸附的基本理论

2.1　物理吸附和化学吸附

有许多物理现象和化学现象发生于两相的界面上，而另一些现象则是由界面引起的。因此，极有必要了解发生于这些边界表面上的现象，以便说明发生于自然界的许多重要过程，如非均相催化、固体的溶解、结晶过程、电极过程以及与胶体状态有关的现象等。

吸附是基本的表面现象之一，它不仅是了解许多主要工业过程的基础，而且是表征固体颗粒表面和孔结构的主要手段。吸附也是催化反应的基本步骤之一，通过它可以研究固体催化剂的结构性质和反应动力学。鉴于催化反应和催化过程在国民经济中的重要性，有必要介绍吸附基本理论和研究方法。

很早以前，人们就知道多孔固体能捕集大量的气体，例如，在 18 世纪已有人注意到热的木炭冷却下来会捕集几倍于自身体积的气体。后来，又认识到不同的木炭对不同的气体所捕集的体积是不一样的，并指出木炭捕集气体的效率有赖于暴露的表面积，进而强调了木炭中的孔的作用。现在，人们认识到吸附现象中的两个重要因素（即表面积和空隙率），不仅在木炭中有，在其他多孔固体颗粒中也有。所以，可以从气体或蒸气的吸附测量来获得有关固体表面积和孔结构的信息。

“吸附”一词最早由 Kayser 在 1881 年引入，用于描述气体在自由表面的凝聚。它与“吸收”不一样，吸附只发生于表面，吸收则指气体进入固体或液体本体中。1909 年，McBain 提议用“吸着”（sorption）代表表面吸附（adsorption）、吸收（absorption）和孔中毛细凝聚的总和。国际上对上述三个词已有严格的定义。一般而言，吸附包括表面的吸附和孔中的毛细凝聚两部分。

吸附的发生是由于吸附质分子与吸附剂表面分子发生相互作用。根据这种相互作用度的大小，一般把吸附过程分为两大类：化学吸附和物理吸附。当相界面上存在不平衡的物理力时发生物理吸附，而相邻相的原子和分子在界面形成化学键或准化学键时发生化学吸附。化学吸附的特征是有大的相互作用势能即有高的吸附热。化学吸附通常是不可逆吸附，即是单层的和定域化的吸附。大量的光谱数据和其他相关数据表明，当化学吸附发生时，在吸附质分子与表面分子间形成了真正的化学键，因此常在高于吸附质临界温度的较高温度发生，需要活化能。但化学吸附有高的吸附势，其值接近于化学键能，而且其特定性强。化学吸附的另一特点是，常被用于研究催化剂活性位点性质和测定负载金属表面积或颗粒大小。

与化学吸附相反，物理吸附的吸附热很低，接近于吸附质的冷凝热。物理吸附时不会发生吸附质的结构变化，而且吸附可以是多层的，以至于吸附质能充满孔空间。在高温下一般很少发生物理吸附。物理吸附通常是可逆的，吸附速率很快，以至于无须活化能就能很快达到平衡。但在很小的孔中吸附时，吸附速率可能为扩散速率所限制。与化学吸附不同，物理吸附没有特定性，能自由地吸附于整个表面。物理吸附由于具有这些特点，特别适合用于固体颗粒的表面积和孔结构的测量。物理吸附与化学吸附的主要差别如表 2.1 所示。

表 2.1　物理吸附和化学吸附的主要差别

物理吸附	化学吸附
由范德瓦耳斯力引起（无电子转移）	由共价键或静电力引起（有电子转移或共享）
吸附热 10～30 kJ/mol	吸附热 50～960 kJ/mol
一般现象，如气体冷凝	特定的或有选择性的
用抽真空可除去物理吸附层	同时用加热和抽真空的方法才能除去化学吸附层
低于吸附质气体临界温度时发生多层吸附	水不超过单层
仅在其临界温度时明显发生	通常在较高温度时发生
吸附速率很快，瞬间发生	吸附速率可快可慢，有时需要活化能
整个分子吸附	常常解离成原子、离子或自由基
吸附剂影响不强	吸附剂有强的影响（形成表面化合物）
在许多情况下两者的界线不明显	

在许多文献中，吸附也常被分为可逆吸附和不可逆吸附，或者称为弱吸附和强吸附。可逆吸附是指吸附后在给定的吸附温度下能被抽真空或吹扫除去的吸附物种，而不可逆吸附是指在该吸附温度下不能被抽真空或吹扫除去的吸附物种。不可逆吸附物种通过提高温度和抽真空才能除去。可逆吸附与吸附剂、温度和吸附质压力有关；不可逆吸附只与吸附剂和吸附温度有关，而与吸附质压力无关。因此，可逆吸附与不可逆吸附是可以定量测量的，从而有可能研究它们在催化反应中所扮演的不同角色。

2.2　吸附等温线

当 种吸附剂固体，如活性炭，在一定温度下与吸附质气体或蒸气接触时，如果用石英弹簧秤称吸附剂重量，而且把吸附质密封于一个容器中，则能够观察到吸附剂重量增加而吸附质气体压力减小，一段时间后，吸附质重量不再增加，压力不再减小，我们说吸附达到了平衡。实验发现，平衡时吸附剂固体吸附吸附质气体或蒸气的量与吸附剂质量成比例，平衡吸附量取决于吸附温度 T、气体或蒸气压力 p 以及吸附质气体的性质。如用 n 表示每克吸附剂固体吸附气体的量（用 mol 表示），则有

$$n = f(T, p, \text{gas (气态)}, \text{solid (固态)}) \tag{2-1}$$

对给定的吸附剂固体和吸附质气体，并在一定温度下吸附，上式可简化为

$$n = f(p)_{T,\ \text{gas (气态)},\ \text{solid (固态)}} \tag{2-2}$$

如果吸附温度低于气体的临界温度，上式的压力项 p 常用相对压力 p/p_0 表示

$$n = f\left(\frac{p}{p_0}\right)_{T,\ \text{gas (气态)},\ \text{solid (固态)}} \tag{2-3}$$

p_0 是在吸附温度下吸附质的饱和蒸气压。

方程（2-1）和（2-2）是吸附等温线的表达式，它表示在恒定温度下吸附质气体的量和吸附质压力或相对压力间的关系。吸附质气体的量可以用气体的质量（mg）或气体在标准状态下的体积[cm^3(STP)]或物质的量（mol）表示。

在文献中已测定过的吸附等温线多达数十万条，使用了多种吸附质和吸附剂固体颗粒。基于文献数据，Brunauer，Deming，Deming 和 Teller（BDDT）归纳出所有物理吸附等温线可以分为 5 类，即按 BDDT 分类，为 I 型～V 型，如图 2.1 所示。

每一类有其独特的情形，其中III型比较少见，但有理论研究意义，也表示在图 2.1 中，IV和 V 型吸附等温线以具有吸附回滞环为特征。

I 型吸附等温线限于单层或准单层，大多数化学吸附等温线与完全的微孔物质（如活性炭）和分子筛的吸附等温线属于此类。因为在微孔物质中孔的大小只有几个分子大小，吸附剂孔壁形成重叠的强势能，在很低的相对压力下有较大的吸附量。在较高的相对压力下，因孔已被吸附质分子充满，增加的吸附量很少，所以 I 型吸附等温线指出的孔是微孔。II 型吸附等温线是最常用到的，在无孔粉

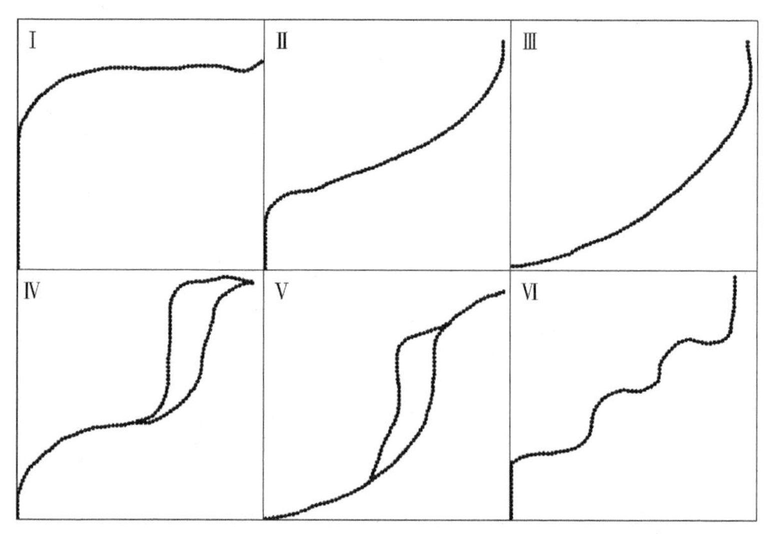

图 2.1　按照 BDDT 分类的Ⅰ到Ⅴ型吸附等温线以及第Ⅵ型台阶状等温线

末颗粒或在大孔中的吸附常常是这类等温线。吸附等温线拐点通常发生于单层吸附附近，随着相对压力增加，第二层、第三层吸附逐步完成，最后达饱和蒸气压时，吸附层数变为无穷多。Ⅲ型吸附等温线的特征是吸附热小于吸附质液化热，因此随着吸附的进行，吸附反而得以促进，这是由于吸附质分子间的相互作用大于吸附质分子与吸附剂表面的相互作用。Ⅳ和Ⅴ型吸附等温线是Ⅱ和Ⅲ型吸附等温线的变换，在较高的相对压力下在某些孔中有毛细凝聚现象发生。Ⅵ型台阶状等温线主要出现在多层吸附的情况下。这种等温线在相对压力较低时，吸附量增加较为缓慢。随着相对压力的升高，会出现明显的台阶状变化，这通常意味着发生了不同阶段的吸附过程。每个台阶可能对应着不同的吸附层或吸附状态。在台阶处，吸附量会突然增加。这种等温线常见于具有复杂空隙结构和多层吸附特性的材料中，对于研究材料的吸附性能和空隙结构具有重要意义。

2.3　吸　附　力

前述已经指出，气体在固体表面的吸附是吸附质分子和吸附剂表面分子相互作用（即它们间的吸引力）的结果。在理论上对这些力已进行过很多研究，最近有较大进展，但在性质上仍不够清楚，因此离达到理论计算吸附等温线还较远。但是，它们仍能提供有价值的线索以了解吸附过程的性质和影响因素。下面对吸附力作简单介绍。

吸附时吸附质的熵变肯定是负的，因为凝聚态比气态规整，失去了一个平动自由度，吸附过程的发生要求吉布斯（Gibbs）自由能变化为负值，而一般假定在物理吸附时吸附剂不发生熵变，因此基于热力学关系伴随吸附的焓变也是负的，即吸附过程是放热的。

在气固界面发生相互作用的力总是包含“色散”力和短程排斥力，前者是吸引力。如果固体表面或气体分子的性质是极性的，则尚有静电（库仑）吸引力。色散力这个词来自光学上的色散作用。London 首次表征了它，这是因为每个原子中电子云密度的快速变化诱导邻近原子产生电偶极矩，从而使两原子间产生相互吸引的“色散”力。London 应用量子力学摄动理论推导出相距 r 的两孤原子间的势能 Φ_D 的表达式：

$$\Phi_D = -C_1 r^{-6} - C_2 r^{-8} - C_3 r^{-10} \tag{2-4}$$

该式在两原子离开不太远时是可靠的。式中，负号表示力是引力，常数 C_1、C_2 和 C_3 表示与偶极矩-偶极矩、偶极矩-四极矩和四极矩-四极矩有关的色散常数。在实际使用中，因方程本身的确定性和近似性以及含 r^{-8} 和 r^{-10} 的项比较小，一般使用下述的简化方程：

$$\Phi_D = -C_1 r^{-6} \tag{2-5}$$

在两原子相距很近时，它们的电子互相渗透而引起短程排斥力，其表达式也是从量子力学研究中导出的：

$$\Phi_R(r) = B\exp(-ar) \tag{2-6}$$

式中，B 为常数。为数学上的方便，上式常简化为

$$\Phi_R(r) = Br^{-m} \tag{2-7}$$

这里 B 是一经验常数，指数 m 通常取值为 12，于是两原子间的总势能 Φ 为（令 $C_1=C$）

$$\Phi = -Cr^{-6} - Br^{-12} \tag{2-8}$$

从两原子 A 和 B 的性质可计算参数 C，最著名的一个表达式为 Kirkwood-Miller（柯克伍德-米勒）公式：

$$C = \frac{6mc^2\alpha_A\alpha_B}{\dfrac{\alpha_A}{\chi_A} + \dfrac{\alpha_A}{\chi_B}} \tag{2-9}$$

式中，c 为光速，α_A 和 α_B 及 χ_A 和 χ_B 分别为原子 A 和 B 的极化率和磁化率。其

他有名的公式还有 London 表达式：

$$C=\frac{\frac{3}{2}\alpha_{\mathrm{A}}\alpha_{\mathrm{B}}h\nu_{\mathrm{A}}^{0}\nu_{\mathrm{B}}^{0}}{\nu_{\mathrm{A}}^{0}+\nu_{\mathrm{B}}^{0}} \tag{2-10}$$

和 Slater-Kirkwood（斯莱特-柯克伍德）表达式：

$$C=\frac{3eh\alpha_{\mathrm{A}}\alpha_{\mathrm{B}}}{4\pi m^{1/2}\left(\sqrt{\alpha_{\mathrm{A}}N_{\mathrm{A}}}+\sqrt{\alpha_{\mathrm{B}}N_{\mathrm{B}}}\right)} \tag{2-11}$$

在上两式中，ν_{A}^{0} 和 ν_{B}^{0} 是与光色散有关的特征频率，h 为普朗克常量，e 和 m 分别为电子的电荷和质量，N_{A} 和 N_{B} 分别为原子 A 和 B 参与相互作用的电子数目。

要应用这些方程处理气体在体表面的吸附，必须考虑由原子（或离子）组成的固体表面层与孤立气体分子的相互作用，然后把每个原子对气体分子的相互作用加和以获得一个气体分子相对于固体的势能。这是很复杂的，但实际上只要考虑有限数目的原子对气体分子的作用，因为势能随距离增大急剧减小，同时加和可用体积积分替代。

如果固体是极性的，例如，固体由离子构成或含有极性基团或 π 电子，它会产生电场，从而诱导气体分子的偶极矩。

$$\varPhi_{\mathrm{F}}=-\frac{1}{2}\alpha F \tag{2-12}$$

式中，F 是分子中心的电场强度，α 为分子的极化率。如果气体分子本身有永久性偶极矩，它与电场相互作用又产生附加能量：

$$\varPhi F\mu=-F\mu\cos\theta \tag{2-13}$$

式中，μ 为分子偶极矩，θ 为偶极矩与电场间的夹角。

最后考虑吸附分子有四极矩的情况，例如 CO、CO_2 和 N_2 分子，它要与电场梯度发生强的相互作用，以使能量进一步增加 $\varPhi_{\mathrm{FQ}}$。这样，吸附分子与固体表面间总的相互作用势能可表示为

$$\varPhi=\varPhi_{\mathrm{D}}+\varPhi_{\mathrm{F}}+\varPhi_{\mathrm{FQ}}+\varPhi_{\mu}+\varPhi_{\mathrm{R}} \tag{2-14}$$

$\varPhi_{\mathrm{D}}$ 和 $\varPhi_{\mathrm{R}}$ 对应于方程（2-8）中的 r^{-6} 和 r^{-12} 项，这两项总是存在的，而其余三项可以存在或不存在。原则上可用方程（2-14）计算吸附的相互作用势能，但是，在实际上仅适用于简单的气体分子和理想化的固体表面，如惰性气体在氯化钾固体上的吸附。即便这样，方程（2-14）的值仍有不确定性，仅是一个粗糙的近似。不管怎样，其一般形式的可靠性是毫无疑问的。

势能 $\varPhi$ 不仅取决于吸附分子与固体表面的距离，也取决于它在平行于固体表

面平面上的位置。已作过计算的一些结果证明，对于给定位置的吸附能量，随吸附剂固体晶面间距的变化而有比较明显的变化。

在吸附层中的分子不仅与固体发生作用，也与吸附层中的邻近分子发生作用。在覆盖度很小时，后一相互作用可略去，但当覆盖度越来越大时，这一作用明显增大了。填充满的单层能作为固体的延伸，将会进一步吸引气体分子。这一作用的后果是在较高相对压力下产生若干个分子厚度的吸附层即多层吸附。

Kiselev 等讨论了极化对相互作用能的增强作用，并以此区分非特定性吸附或特定性吸附。凡包含 Φ_{FQ} 和 Φ_{μ} 全部或部分的吸附叫特定性吸附，仅包含色散力和排斥力 Φ_{D} 以及 δ 的吸附为非特定性吸附。他们把吸附剂分为三类：

（1）不含离子或正电荷基团（如石墨化碳）；

（2）有集中的正电荷（如在羟化氧化物上的—OH）；

（3）有集中负电荷（如═O，═CO）。

吸附质分为四组：

（1）球形对称球壳或 σ 键（例如稀有气体、饱和烃）；

（2）π 键（如不饱和烃、芳烃）或独对电子（例如醚胺）；

（3）有正电荷集中于分子的外围；

（4）带有电子密度和正电荷的官能团集中于分子外围（例如有—OH 或═NH_2 的分子）。

由上述可能的吸附剂-吸附质组合得到的相互作用类型列于表 2.2 中。

表 2.2　特定性吸附和非特定性吸附

吸附质组	吸附剂类型		
	Ⅰ	Ⅱ	Ⅲ
（1）	非特定性吸附	非特定性吸附	非特定性吸附
（2）	非特定性吸附	特定性吸附+非特定性吸附	特定性吸附+非特定性吸附
（3）	非特定性吸附	特定性吸附+非特定性吸附	特定性吸附+非特定性吸附
（4）	非特定性吸附	特定性吸附+非特定性吸附	特定性吸附+非特定性吸附

2.4　体表面的吸附现象

当气体分子运动到固体表面上时，由于气体分子与固体表面分子之间的相互作用，气体分子便会暂时停留在固体表面上，因此气体分子在固体表面上的浓度增大，这种现象称为气体分子在固体表面的吸附。

固体表面可以对气体和液体进行吸附的现象很早就为人们发现和利用。在生产实践中，人们很早就知道新烧好的木炭有吸湿、吸异味的性能，曾将它放于建筑物中，作为最早的环境保护措施。在湖南长沙马王堆一号汉墓的发掘中发现，在棺椁的外面有一层木炭作为防腐层，这说明人们在距今两千多年前对吸附的应用就已达到相当高的水平。此外，人们还将木炭、白土等用作脱色剂。在国外文献中，18 世纪就已经有关于人们对吸附现象观察和研究的记载。

随着科学理论和科学实验的不断发展，吸附作用也得到了更广泛的应用。例如，人们利用吸附回收少量的稀有金属，对混合物进行分离、提纯回收溶剂，处理污水，净化空气；以吸附色谱、制备色谱代替某些低温分馏；将吸附用于防毒过滤等。在后来的研究中，人们得知气体与固体的热交换是借助于吸附作用进行的，如果没有这种热交换过程，地球上的生命就难以存在。在催化领域中关于吸附的研究和应用，则对工农业生产和国民经济具有重要的意义。如果没有对吸附的深入研究，很难设想会有今日石油化工如此蓬勃的发展，可见固体表面的吸附现象对我们日常生活、工农业生产和科学技术都有极其重要的意义。

2.5 通过吸附等温线进行表面与孔的研究

我们知道，吸附等温线与气体吸附质和固体（或液体）吸附剂表面有关，因此通过吸附等温线可以进行吸附质在吸附剂表面的运动状态的研究，也可以进行吸附剂表面结构与性质的研究，还可以进行吸附质与吸附剂之间相互作用的研究。

如前所述，由于吸附剂表面的引力场作用，吸附质分子在吸附剂表面停留的时间要比其在气相中同一空间间隔停留的时间长得多，因而形成吸附。但是，吸附并非意味着吸附质分子在吸附剂表面的吸附中心上静止不动。除非相互作用极强，否则吸附质分子还可以沿着吸附剂表面自由地做二维运动，成为一种二维气体；即使在相互作用极强的情况下，吸附质分子还可以相对于吸附剂表面作垂直方向的振动。因此，研究二维气体的运动状态是关于表面物理及表面化学的重要理论研究课题之一。

通过吸附等温线可以研究吸附质与吸附剂之间的相互作用。例如，测量并计算出它们的熵效应与热效应大小，即吸附熵与吸附热；确定相互作用的性质，即区别是物理吸附还是化学吸附。又如，在特定的吸附质-吸附剂体系中，常常吸附与溶解同时存在，研究表明，根据吸附量对吸附剂的比表面积与重量的依赖关系，可以判断吸附与溶解在吸附质-吸附剂的相互作用中所占的地位。科研工作者对于这些方面的研究亦有重大的理论意义和实际意义。

从原则上讲，代表吸附等温线的方程是一个状态方程或过程方程，因此，方程中应包含着吸附剂比表面积以及孔体积随孔径分布等重要参数，从而通过理论计算便能获得这些对实际有重要价值的参数，这是人们长期奋斗的目标，但是一项很艰巨的任务。基本的困难在于，到目前为止，任何数学处理都必须基于相当简化的模型，而过分地简化又将与非常复杂的实际情况相差甚远。所以，在这方面虽说有进展，但还未达到理想的程度。目前，人们只能一方面从实验测出吸附等温线，另一方面再配合一定的理论分析，从而对吸附剂表面及孔的结构与性质进行一定的分析，计算出吸附剂的比表面积与孔径分布。

2.6　朗缪尔理论知识

在较高相对压力下吸附量趋近于一有限值的结果指出，I 型吸附等温线至多只有几个吸附分子层。在化学吸附的情形下只能有单层分子键合到表面上，因而化学吸附等温线几乎总是 I 型吸附等温线。利用这类吸附等温线虽然也有可能计算覆盖单层所需分子的数目，但在选用吸附质分子横截面积时会碰到很大的困难。这些困难的产生是由于化学吸附分子与表面特定部位的紧密结合被区域化，以至于吸附分子占有的空间将取决于吸附剂的表面结构以及被吸附分子或原子的大小，而表面的特定部位是极其分散的，单层吸附分子的数目要小于可能容纳的单层数目，因此获得的比表面积要小于真实的表面积。

朗缪尔（Langmuir）使用动力学理论来处理 I 型吸附等温线。他作了如下的假设：第一，吸附剂表面是均匀的；第二，每个吸附位点只能吸附一个分子且只限于单层，即吸附是定域化的；第三，吸附分子间的相互作用可以忽略；第四，吸附脱附过程处于动力学平衡之中。

按照气体的动力学理论，每秒黏到每平方厘米表面上的分子的数目为

$$N_{\mathrm{a}} = \frac{Np}{(2\pi MRT)^{1/2}} \tag{2-15}$$

式中，p 为吸附质压力，M 为其相对分子质量，R 为摩尔气体常数，T 为绝对温度。令 θ_0 为未被覆盖表面的分数，则每秒在每平方厘米表面上碰撞在空白表面上的分子数为

$$N_{\mathrm{a}}' = kp\theta_0 \tag{2-16}$$

式中，$k = N/(2MRT)^{1/2}$，于是被黏住即被吸附的分子数目为

$$N_{\mathrm{a}} = kp\theta_0 A_1 \tag{2-17}$$

式中，A_1 为黏结或凝集系数，它表示碰撞分子被表面吸附的概率。而吸附分子离开每平方厘米表面的速率为

$$N_{\mathrm{d}} = n_{\mathrm{m}}\theta_1 \nu_1 \mathrm{e}^{-E/RT} \tag{2-18}$$

式中，n_{m} 为单层吸附的分子数目，θ_1 为吸附分子的表面覆盖度，E 为活化能，ν_1 是吸附质分子正交于表面的振动频率。实际上 $n_{\mathrm{m}}\theta_1$ 表示每平方厘米表面上吸附分子的数目。ν_1 表示吸附分子离开表面的最大速率。$\mathrm{e}^{-E/RT}$ 表示能克服表面净吸附势能的吸附分子的概率。

平衡时，吸附速率和脱附速率相等，因 $\theta_0 = 1 - \theta_1$，所以有

$$n_{\mathrm{m}}\theta_1 \nu_1 \mathrm{e}^{E/RT} = kp\theta_0 A_1 \tag{2-19}$$

$$n_{\mathrm{m}}\theta_1 \nu_1 \mathrm{e}^{E/RT} = kpA_1 - \theta_1 kpA_1 \tag{2-20}$$

由此得

$$\theta_1 = \frac{kpA_1}{n_{\mathrm{m}}\nu_1 \mathrm{e}^{E/RT} + kpA_1} \tag{2-21}$$

令

$$K = \frac{kA_1}{n_{\mathrm{m}}\nu_1 \mathrm{e}^{-E/RT}} \tag{2-22}$$

可得

$$\theta_1 = \frac{Kp}{1 + Kp} \tag{2-23}$$

由覆盖度的定义：

$$\theta_1 = \frac{n}{n_{\mathrm{m}}} = \frac{W}{W_{\mathrm{m}}} \tag{2-24}$$

$$\frac{W}{W_{m}}=\frac{n}{n_{m}}=\frac{Kp}{1+Kp} \tag{2-25}$$

上式即为Ⅰ型等温线的 Langmuir 方程。它可以线性化为

$$\frac{p}{W}=\frac{1}{KW_{m}}+\frac{p}{W_{m}} \tag{2-26}$$

以 p/W（或 p/V）对 p 作图能得到一条直线，其斜率为 $1/W_{m}$（或 $1/V_{m}$），截距为 $1/(KW_{m})$（或 $1/(KV_{m})$），从而可计算出 K 和 W_{m}（或 V_{m}）。

虽然 Langmuir 方程描述了化学吸附和Ⅰ型吸附等温线，但总的说来不适用于处理物理吸附和Ⅱ型到Ⅴ型吸附等温线。前面已说过，从Ⅰ型吸附等温线计算表面积具有是物理吸附还是化学吸附的不确定性，数值仅表示活性表面积，这对负载金属催化剂的金属表面积测量是有用的，但对一般物理吸附数值偏小。Ⅰ型吸附等温线的另外一种可能性是在微孔物质如分子筛和某些活性炭上的吸附，但对此时是否表示单层吸附则是有疑问的。

2.7　BET 基本理论概述

在物理吸附过程中，在非常低的相对压力下，首先被覆盖的是高能量位。具有较高能量的吸附位包括微孔中的吸附位（因为其孔壁提供重叠的势能）和位于平面台阶的水平垂直缘上的吸附位（因有两个平面的原子对吸附质分子发生作用）。此外，在由多原子组成的固体表面上，吸附势能也会发生改变，这取决于暴露于表面的原子或官能团的性质。

但是，能量较高的位置首先被覆盖并不意味着随相对压力增高、能量较低的位置不能被覆盖，而只是说明在能量较高的位置上物理吸附分子的平均停留时间较长。因此，当吸附质压力升高时，表面逐渐被覆盖，气体分子吸附于空白表面的概率增加。显然在表面被完全覆盖之前有可能形成第二吸附层或更多的吸附层。在实际情况下，不可能有正好覆盖单层的相对压力存在。而 BET 理论恰恰可以在不管单分子层吸附是否形成的条件下，有效地从实验数据获得形成单分子层所需要的分子数目。

Brunauer、Emmett 和 Teller 在 1938 年提出多层吸附模型，如图 2.2 所示，他们把 Langmuir 的动力学理论延伸到多层吸附，所作的假设除了吸附不局限于单层而可以是多层外，与 Langmuir 理论所作的假设完全相同。在 BET 理论中，吸

附在最上层的分子与吸附质气体或蒸气处于动力学平衡之中。也就是说，表面由一层吸附质分子覆盖时，这一层与气相处于动力学平衡，如果吸附了两层，则上层与气相处于动力学平衡，依此类推。由于是动力学平衡，每一表面吸附位可被一层、两层或多层吸附质分子所覆盖，层数可以改变，但每层的吸附分子数目保持恒定。

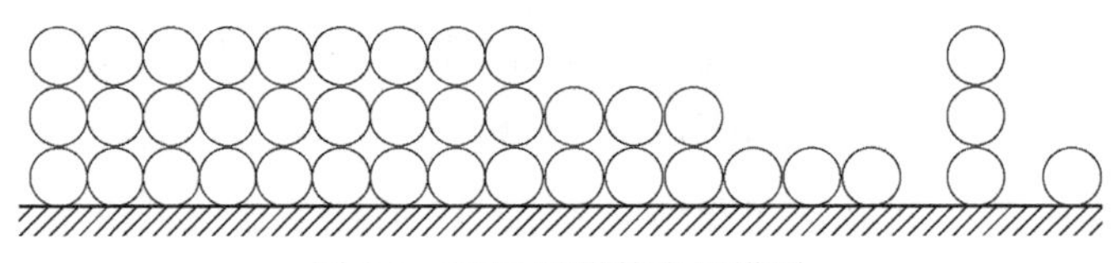

图 2.2　BET 吸附的多层模型

根据使用 Langmuir 理论，并以它为出发点描述第一层的吸附分子与气相间的平衡：

$$n_{\mathrm{m}}\theta_1\nu_1\mathrm{e}^{-E_1/RT} = kp\theta_0 A_1 \tag{2-27}$$

类似地，把它用于第二层：

$$n_{\mathrm{m}}\theta_2\nu_2\mathrm{e}^{-E_2/RT} = kp\theta_1 A_2 \tag{2-28}$$

一般情况下，对第 i 层有

$$n_{\mathrm{m}}\theta_i\nu_i\mathrm{e}^{-E_i/RT} = kp\theta_{i-1} A_i \tag{2-29}$$

BET 理论假定第二层以上的振动频率 ν 、活化能 E 和概率 A_2 相同，因为第二层以上都是相当于吸附质的液化过程，离表面越远，越接近于实际情况。使用这个假设，我们可以列出一系列的方程，用 A_2 表示第二层以上的概率，用 E_L 表示液化热，

$$n_{\mathrm{m}}\theta_1\nu_1\mathrm{e}^{-E_1/RT} = kp\theta_0 A_1 \tag{2-30}$$

$$n_{\mathrm{m}}\theta_2\nu\mathrm{e}^{-E_2/RT} = kp\theta_1 A_2 \tag{2-31}$$

第 i 层：

$$n_{\mathrm{m}}\theta_i\nu\mathrm{e}^{-E_i/RT} = kp\theta_{i-1} A_2 \tag{2-32}$$

为方便起见，令

$$\frac{\theta_1}{\theta_0} = \frac{kpA_1}{n_{\mathrm{m}}\nu_1\mathrm{e}^{-E_1/RT}} \tag{2-33}$$

$$\frac{\theta_2}{\theta_1} = \frac{\theta_3}{\theta_2} = \cdots = \frac{kpA_2}{n_{\mathrm{m}}\nu\mathrm{e}^{-E_2/RT}} \tag{2-34}$$

$$\alpha = e\beta \tag{2-35}$$

于是有

$$\theta_1 = \alpha\theta_0 \tag{2-36}$$

$$\theta_2 = \beta\theta_1 = \alpha\beta\theta_0 \tag{2-37}$$

$$\theta_3 = \beta\theta_2 = \alpha\beta^2\theta_0 \tag{2-38}$$

$$\theta_i = \beta\theta_{i-1} = \alpha\beta^{i-1}\theta_0 \tag{2-39}$$

平衡时总的吸附分子数为

$$n = n_{\mathrm{m}}\theta_1 + 2n_{\mathrm{m}}\theta_2 + \cdots + in_{\mathrm{m}}\theta_i = n_{\mathrm{m}}(\theta_1 + 2\theta_2 + \cdots + i\theta_i) \tag{2-40}$$

可得

$$\begin{aligned}\frac{n}{n_{\mathrm{m}}} &= \alpha\theta_0 + 2\alpha\beta\theta_0 + 3\alpha\beta^2\theta_0 + \cdots + i\alpha\beta^{i-1}\theta_0 \\ &= \alpha\theta_0(1 + 2\beta + 3\beta^2 + \cdots + i\beta^{i-1})\end{aligned} \tag{2-41}$$

由前面的定义可知

$$\alpha = \frac{A_1\nu}{A_2\nu_1}\mathrm{e}^{(E_1 - E_{\mathrm{L}})/RT} \tag{2-42}$$

$$\frac{n}{n_{\mathrm{m}}} = \alpha\theta_0(\beta + 2\beta^2 + 3\beta^3 + \cdots + i\beta^i) \tag{2-43}$$

由数学知识可知，括号内当 i 无限大时的和为 $\frac{\beta}{(1-\beta)^2}$，于是

$$\frac{n}{n_{\mathrm{m}}} = \frac{\alpha\theta_0\beta}{(1-\beta)^2} \tag{2-44}$$

对于 θ_0 有

$$\theta_0 + \theta_1 + \theta_2 + \cdots + \theta_i = 1 \tag{2-45}$$

即

$$\theta_0 = 1 - (\theta_1 + \theta_2 + \cdots + \theta_i) = 1 - \sum_{i=1}^{\infty}\theta_i \tag{2-46}$$

由式（2-44）和式（2-46）得

$$\frac{n}{n_{\mathrm{m}}} = \frac{\alpha\beta}{(1-\beta)^2}\left(1 - \sum_{i=1}^{\infty}\theta_i\right) \tag{2-47}$$

$$\frac{n}{n_{\mathrm{m}}} = \frac{\alpha\beta}{(1-\beta)^2}\left(1 - \alpha\theta_0\sum_{i=1}^{\infty}\beta^{i-1}\right) \tag{2-48}$$

因为 $\alpha=e\beta$，所以

$$\frac{n}{n_{\mathrm{m}}} = \frac{\alpha\beta}{(1-\beta)^2}\left(1 - \alpha\theta_0\sum_{i=1}^{\infty}\beta^{i}\right) \tag{2-49}$$

由于

$$\sum_{i=1}^{\infty}\beta^i = \frac{\beta}{1-\beta} \tag{2-50}$$

可得

$$\frac{n}{n_{\mathrm{m}}}=\frac{\alpha\beta}{(1-\beta)^2}\left(1-\alpha\theta_0\frac{\beta}{1-\beta}\right) \tag{2-51}$$

$$\frac{\alpha\beta}{(1-\beta)^2}=\frac{n}{n_{\mathrm{m}}\theta_0} \tag{2-52}$$

$$1=\frac{1}{\theta_0}\left(1-\alpha\theta_0\frac{\beta}{1-\beta}\right) \tag{2-53}$$

所以，

$$\theta_0=\frac{1}{1+\dfrac{\alpha\beta}{1-\beta}} \tag{2-54}$$

$$\frac{n}{n_{\mathrm{m}}}=\frac{\alpha\beta}{(1-\beta)(1-\beta+\alpha\beta)} \tag{2-55}$$

当 β=1 时，n/n_{m} 变为无穷大，在实际情况下这是由于吸附质在表面上发生凝聚的情形，或者当 $p/p_0=1$ 时发生这种情形。如果前面的推导中用 p_0 代替 p，即有

$$1=\frac{kA_2p_0}{n_{\mathrm{m}}\nu\mathrm{e}^{-E_{\mathrm{L}}/RT}}$$

$$\beta=\frac{kA_2p}{n_m\nu\mathrm{e}^{-E_{\mathrm{L}}/RT}}$$

两式相比可得 $\beta=\dfrac{p}{p_0}$，代入得

$$\frac{n}{n_{\mathrm{m}}}=\frac{\alpha\dfrac{p}{p_0}}{\left(1-\dfrac{p}{p_0}\right)\left(1-\dfrac{p}{p_0}+\alpha\dfrac{p}{p_0}\right)} \tag{2-56}$$

线性化，并令相对压力 $p/p_0=\chi$，有

$$\frac{\chi}{n(1-\chi)}=\frac{1}{n_{\mathrm{m}}\alpha}+\frac{\alpha-1}{\alpha n_{\mathrm{m}}}\chi \tag{2-57}$$

用吸附重量 W 或吸附体积 V（STP）表示为

$$\frac{\chi}{W(1-\chi)}=\frac{1}{\alpha W_{\mathrm{m}}}+\frac{\alpha-1}{\alpha W_{\mathrm{m}}}\chi \tag{2-58}$$

和

$$\frac{\chi}{V(1-\chi)}=\frac{1}{\alpha V_{\mathrm{m}}}+\frac{\alpha-1}{\alpha V_{\mathrm{m}}}\chi \tag{2-59}$$

如果吸附层数不是无限多，那么受到孔的制约只能吸附 N 层，此时的三参数 BET

的方程为

$$\frac{n}{n_{\mathrm{m}}}=\frac{\alpha\chi}{1-\chi}\frac{[1-(N+1)\chi^{N}+N\chi^{N+1}]}{[1+(\alpha-1)\chi-\alpha\chi^{N-1}]} \tag{2-60}$$

当 N=1 时，方程（2-60）简化为单层的 Langmuir 方程；当 N 趋向于无穷大时，简化为两参数 BET 方程。

2.8　吸附回线与孔结构

吸附等温线及其五种类型，除了第 I 类吸附等温线外，其余四类吸附等温线往往有吸附分支与脱附分支分离的现象，形成所谓吸附回线，如图 2.3 所示，吸附回线的形状反映了一定的孔结构情况，因此，可以通过对吸附回线的研究来对孔结构进行分析。

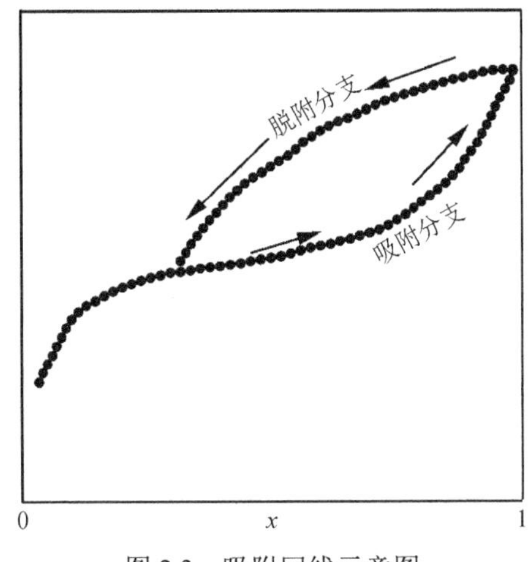

图 2.3　吸附回线示意图

德·博尔（de Boer）将吸附回线分为五类：A 类、B 类、C 类、D 类和 E 类。每一类都反映了一些一定结构的孔。下面依次给出吸附回线，并举例说明它所反映的孔结构。

A 类吸附回线：吸附分支与脱附分支的分离发生在中等大小的相对压力处，两个分支都很陡。A 类吸附回线所反映的一种典型的孔结构是两端都开放的管状毛细孔，此类回线在实验中和文献中经常会遇到，如图 2.4 所示。有时候，吸附分支的相对压力 $x_{\mathrm{a}}=p_{\mathrm{a}}/p_{\mathrm{s}}$ 与脱附分支的相对压力 $x_{\mathrm{d}}=p_{\mathrm{d}}/p_{\mathrm{s}}$ 还存在 $x_{\mathrm{a}}^{2}=x_{\mathrm{d}}$ 的关系。乙醇、苯、四氯化碳、水、乙醚和丙酮在风化玻璃的毛细孔中的吸附便存在此种情况。若 r_c 是圆筒孔的半径，吸附时毛细孔将在对应于有效半径 r_c 的相对压力 x_d 下发生凝聚；脱附时，毛细孔将在对应于有效半径 r_c 的相对压力 x_d 下发生解凝。因此，分别形成陡的吸附分支和脱附分支，并有关系 $x_a^2=x_d$。

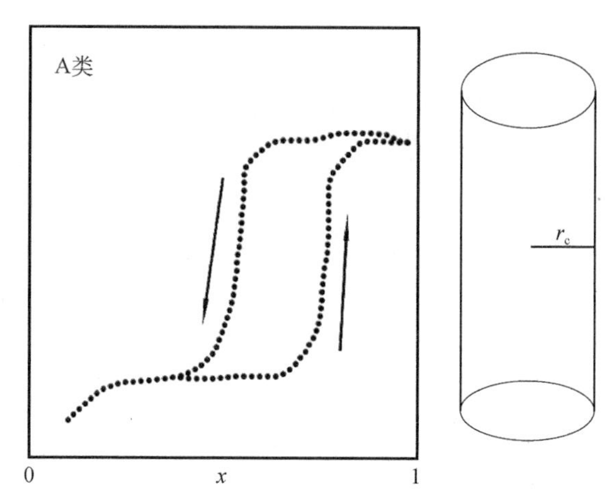

图 2.4　A 类吸附回线及其所反映的一种孔结构

B 类吸附回线：吸附分支在饱和蒸气压处很陡，脱附分支在中等相对压力处也很陡。

B 类吸附等温线所反映的一种典型孔结构是具有平行壁的狭缝状毛细孔。在平行壁间形成的毛细孔中间，在达到饱和蒸气压之前不能形成弯月界面，所以在临近饱和蒸气压处才发生吸附分支的陡然上升；然而，在脱附分支上，当相对压力达到与板间宽度相应的弯月界面的有效半径时，便发生解凝，这样，具有此种毛细孔的材料就产生了 B 类吸附回线，如图 2.5 所示。片状或膜状粒子形成的填料常常有此种形状的毛细孔。例如，蒙脱土、石墨的氧化物、三水铝石或氢氧化铝矿便具有此种孔，这些材料存在平行板状孔的特性可以用光学双折射和电子显微镜照相证实。

C 类吸附回线：吸附分支在中等大小相对压力处很陡，脱附分支较平缓。

C 类吸附回线反映的一种典型孔结构是锥形或双锥形管状毛细孔。这种孔的最小半径为 r，最大半径为 R，并且 $R\leqslant 2r$，从 r 到 R 连续地变化。在吸附分支上，当相对压力达到与孔半径相应的值时，发生突变性的毛细孔凝聚形成陡的吸附分支线；在脱附分支上，当相对压力达到与孔半径 R 相应的值时，开始解凝，而终止在对应于孔半径的相对压力值，如图 2.6 所示。在回线下方闭合端的相对压力

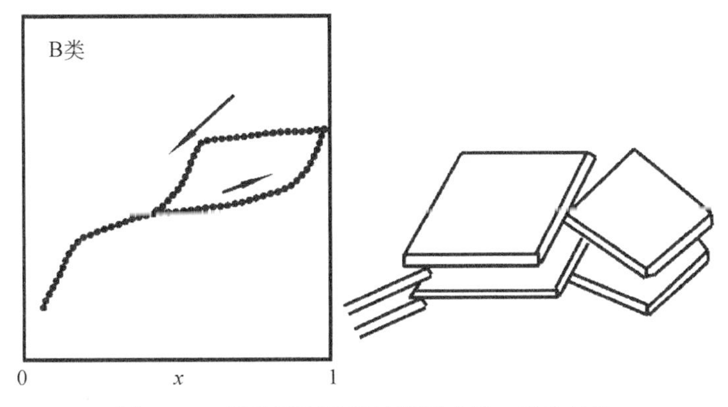

图 2.5　B 类吸附回线及其所反映的一种孔结构

x_a与吸附分支陡的部分的相对压力x_d有关系$x_a^2=x_d$，这类回线不经常遇到，但在文献中偶尔也会遇到。由粒状微粒黏结成的材料可以产生 C 类吸附回线形成所需的孔。

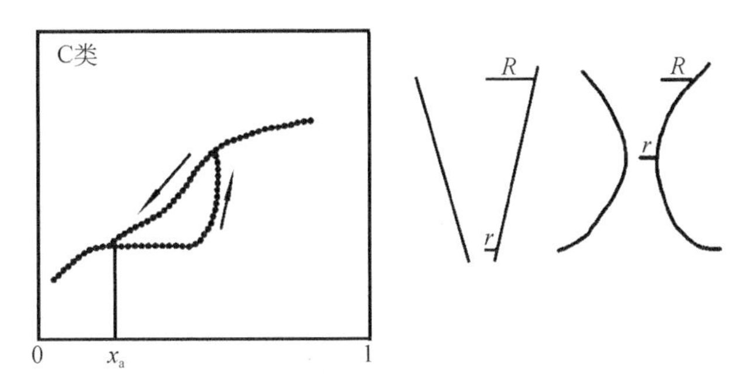

图 2.6　C 类吸附回线及其所反映的一种孔结构

D 类吸附回线：吸附分支在饱和蒸气压处很陡，脱附分支变化缓慢。

D 类吸附回线反映的一种典型的孔结构是四面都开放的尖劈形毛细孔。由相互倾斜的片或膜堆积成的毛细孔将产生 D 类吸附回线。倘若尖劈形窄的一边的距离达到几个或几十个分子的大小，回线将消失。水蒸气在部分三水铝石已水热分解为铁铝氧石的样品上的吸附和脱附产生此类回线。产生此类吸附回线的机理与产生 B 类吸附回线的机理相似，只是板间不平行，在脱附分支上便没有陡的一段，如图 2.7 所示。当板间距离有一端达到几个或几十个分子大小时，由于毛细孔填充作用，在很小的相对压力下便在板间距离小的一边形成弯月界面，随后与不断增加的相对压力相对应的板间部分空间就为凝聚液填满，致使吸附分支与脱附分支相重叠。

E 类吸附回线：吸附分支变化缓慢，而脱附分支在中等大小相对压力处有一陡的变化，如图 2.8 所示。

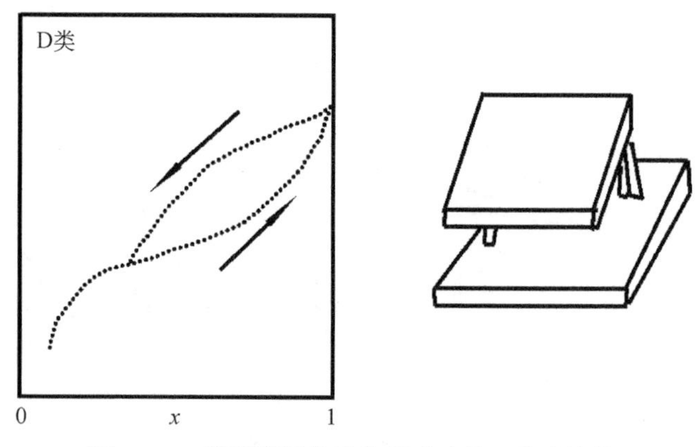

图 2.7　D 类吸附回线及其所反映的一种孔结构

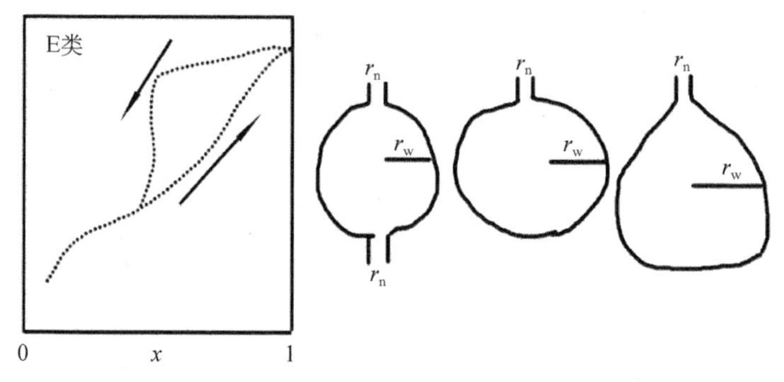

图 2.8　E 类吸附回线及其所反映的一种孔结构

具有细颈和广体的管子或水瓶形状的孔可以有此类吸附回线。以 r_n 表示细颈的半径，以 r_w 表示有一定变化范围的广体的半径，则在吸附分支上，当相对压力增至与 r_n 相对应的值时，凝聚液便开始充满细颈，随着相对压力继续增加，连续地充满整个广体。因此，吸附分支是逐渐变化的。在脱附分支上，由于细颈上的液体将广体中的液体封住了，一直到相对压力降至与 r_n 对应的值时便发生骤然的脱附至空。这里面有一个亚稳平衡的问题，倘若允许广体中的凝聚液时时刻刻与蒸气达成平衡，则不会发生脱附分支与吸附分支的分离。经常遇到 E 类吸附回线，例如，苯在氧化铁胶上的吸附，水在硅胶上的吸附，氮在硅镁胶及硅铝胶裂化催化剂上的吸附等都属于 E 类吸附回线。

上面叙述了五类典型的吸附回线，它们都是一些典型孔的反映，即这些孔具有较均一的形状和大小。倘若孔的形状和大小有一个分布，则往往呈现出非典型的回线，它们是数个典型回线的叠加。有时候，如果毛细孔的形状和大小变化范围很大，例如，有一端几乎是封闭的大小变化范围不大的管状毛细孔，或一端几乎是封闭的大小变化范围大的板状毛细孔，便不会产生吸附回线。我们在自己的实验中或文献中常常会遇到如图 2.9 中 a 那样的吸附回线，它可以是 B 类吸附回线 b 与Ⅱ类等温线 c 重叠的结果。这种情况可能是由于在此类材料中部分孔是较均一的平行板，而另一部分孔是一端几乎封闭的大小变化范围较大的板状毛细孔。黏土型催化剂往往有此类孔结构。

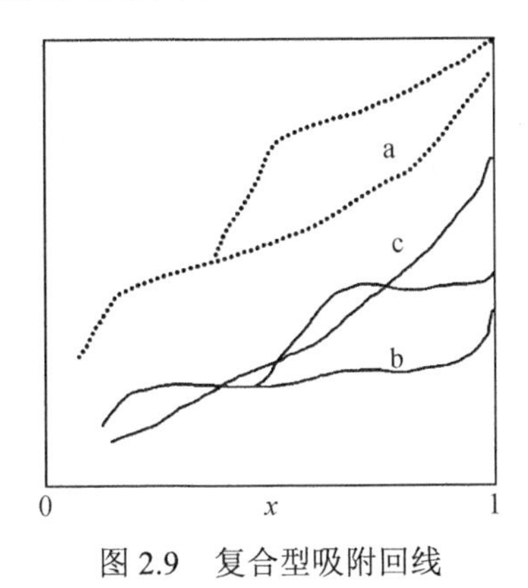

图 2.9　复合型吸附回线

2.9　吸附层分子所占的面积与厚度

所谓某吸附剂的比表面积，就是指 1 g 该吸附剂所拥有的表面积。用吸附方法求比表面积，就是通过吸附实验求出单分子层饱和吸附量，从中计算出在此情况下 1 g 吸附剂吸附的该吸附质的分子数。如果已知每一吸附质分子在单分子吸附层中所占的面积，便可求得比表面积 σ：

$$\sigma = \frac{a_{\mathrm{m}} N_{\mathrm{A}}}{22400} \frac{V_{\mathrm{m}}}{W} \tag{2-61}$$

式中，a_{m} 为每一吸附质分子在单分子吸附层中所占据的面积，V_{m}、N_{A} 及 W 分别为单分子层饱和吸附剂的体积、阿伏伽德罗常量及吸附剂的重量。从上式中可见，为了求出比表面积，需先求得 a_{m}。

上面讲的是求比表面积的情况，当用开尔文方程计算孔径及孔径分布时，必须考虑吸附层厚度。在毛细孔中，发生凝聚之前，由于吸附作用在孔壁上已有了一个吸附层；而在凝聚液充满的毛细管中，发生蒸发之后，孔壁上仍留有一吸附层。实际的孔半径 r 将比按开尔文方程计算得的开尔文半径 r_{K} 大，其差值便是吸附层厚度 t，即

$$r = r_{\mathrm{K}} + t \tag{2-62}$$

由此可见，为了求得孔径或孔径分布，先求得吸附层厚度 t 是很重要的。

吸附层厚度 t 则通过单分子吸附层中分子的平均厚度 t_{m} 求得，设 n 为吸附层数，则

$$t = nt_{\mathrm{m}} = \frac{V}{V_{\mathrm{m}}} t_{\mathrm{m}} \tag{2-63}$$

V 为吸附量，因此，t_{m} 便是求孔径及孔径分布的关键。

2.10 一种改进的物理吸附模型

为了更好地描述吸附平衡过程，国内外学者都在不断地改进吸附模型和吸附等温线方程。除了大家熟悉的 Langmuir 方程和 BET 方程外，人们曾提出过数十种等温线方程。我们在此介绍近年来李佐虎提出的扩展的 Langmuir 吸附模型以及所得到的吸附等温线方程。

Langmuir 吸附模型的基本假定可归纳如下。

（1）吸附剂固体表面上存在一定数量的吸附中心。

（2）每个吸附中心的吸附和解吸行为是独立的，吸附中心之间无相互作用。

（3）每个吸附中心能够而且只能够被一个被吸附的分子占有，即单分子层吸附。

（4）各个吸附中心在发生吸附时，释放出相同的吸附能。

以这四条假定为基础，采用统计力学和动力学方法推导 Langmuir 方程的过程如前所述。李佐虎将此模型扩展，他考虑到：实验结果表明吸附热随表面覆盖度增加而很快下降，同时在低压（或低浓度）区，本应服从亨利定律，而实验结果并非总是如此。因此，在新模型中保留了假定（1）和（2），将假定（3）扩展为允许多分子层吸附，则吸附平衡时有

$$S^{*} + \frac{1}{M} A \rightleftharpoons SA_{1/M} \tag{2-64}$$

这里 S^{*} 为固体表面上的吸附中心，$1/M$ 为一个中心所吸附的吸附质 A 的分子数，可以大于、等于或小于 1。上式可以理解为两相间发生的松懈的化学反应或分子间的缔合反应，$SA_{1/M}$ 即表示这种反应或缔合产物，当 M=1 时与 Langmuir 假定相同。

另外，将假定（4）扩展为：每个吸附中心可以有相同的吸附能，也可以具有不相同的吸附能。当 S^* 数目很大时，具有某一能量[ε−(ε+dε)]的 S^* 数目遵从某种吸附能量（εi）分布函数。

李等用热力学和统计力学方法，在上述扩展模型的基础上得到更为普遍的吸附等温线方程：

$$n = \frac{N_0}{M}\theta \tag{2-65}$$

其中，n 为吸附量，θ 为表面覆盖度，N_0 为单位重量或单位表面的吸附剂所含吸附中心的分子数。在几种常见的能量分布的情况下，等温线的具体形式如下：

（1）当能量分布为 $\delta(\varepsilon_0)$即狄拉克（Dirac）函数密度分布时，吸附等温线的一般形式为

$$\theta = \frac{(bp)^{1/M}}{1+(bp)^{1/M}} \tag{2-66}$$

此处 b 为与吸附热有关的常数，p 为平衡压力。当 M=1 时，上式即为 Langmuir 方程。当$(bp)^{1/M} \ll 1$ 时，即为弗罗因德利希（Freundlich）方程。

（2）当能量是均匀分布，即密度分布函数为一常数时，吸附等温线的一般形式为

$$\theta = \frac{MRT}{\varepsilon_{\max}}\ln[1+(b_0 p)^{1/M}] \tag{2-67}$$

当$(b_0P)^{1/M} \gg 1$ 时，有近似式

$$n = kT\ln(b_0 p) \tag{2-68}$$

此即焦姆金（Temkin）方程，式中 $k_{\mathrm{T}} = \frac{N_0}{M}\frac{RT}{\varepsilon_{\max}}$。当$(b_0p)^{1/M} \ll 1$ 时有近似式

$$n = k_{\mathrm{T}} p^{1/M} \tag{2-69}$$

此即弗罗因德利希方程，其中 $k_{\mathrm{T}} = N_0\frac{RT}{\varepsilon_{\max}}$。

（3）当能量呈玻尔兹曼分布时，吸附等温线的一般形式为

$$n = \frac{N_0}{M}\left\{1-\frac{\ln[1+(bp)^{1/M}]}{(b_0 p)^{1/M}}\right\} \tag{2-70}$$

当$(b_0p)^{1/\mathrm{M}} \ll 1$ 时，可得弗罗因德利希方程

$$k_{\mathrm{B}} = \frac{N_0}{2M}b_0^{1/M} \tag{2-71}$$

这样，表面上不相同的几种重要的吸附等温线方程就被统一起来了。研究者还用能量呈均匀分布时的吸附等温线方程拟合 BET 分类的五种类型的实验等温线，发现Ⅰ、Ⅱ、Ⅲ型等温线在全浓度范围内符合良好，这是诸如 BET 理论及其修正式等所不能达到的。

第 3 章　吸附等温线及测定

吸附不仅是催化过程中最重要的步骤之一，也是研究催化最基本和最常用的手段之一。因此，吸附测量特别是吸附等温线的测量是催化研究中最实用的实验技术之一。吸附等温线测量技术基本上可以分为两大类：静态法和动态法。静态法又可分为体积法和重量法，下面分别进行介绍。

3.1　静　态　法

3.1.1　体积法

吸附等温线中需要测量的量包括温度、压力、催化剂质量和被催化剂吸附的气体的量即吸附量。其中最关键的是吸附量，通常通过压力和体积的测量值计算得到。为了使测量准确可靠，催化剂样品通常应在较高温度下作抽真空处理。因此，用于吸附等温线测量的静态体积法设备的基本单元有压力测量系统、真空系统、恒温浴、样品室和气体进样系统。

具有固定体积的体积吸附测量设备用于吸附测量已有 70 多年了，目前许多实验室中仍在使用。有代表性的这类玻璃设备如图 3.1 所示。为了在真空下处理样品，配备了油扩散泵和机械泵，以及送气体到样品室的带刻度的玻璃量管。另外，还有一支水银压力计和麦克劳压力计或其他压力测量装备，以及若干可拆卸的装催化剂的玻璃样品管和加热用的炉子。

具体操作步骤如下：将精确称量的催化剂装入样品管，把样品管接到吸附设备上；对催化剂进行表面纯化处理（加热到一定温度并抽真空，在真空条件下保持一段时间）；在测量气体吸附量时，把已知量的纯吸附质气体引入系统，催化剂吸附一部分气体，平衡时系统中未被吸附的气体能从已知体系的体积和压力计算获得。而催化剂样品管和设备的测量系统的自由体积或死体积可预先用非吸附

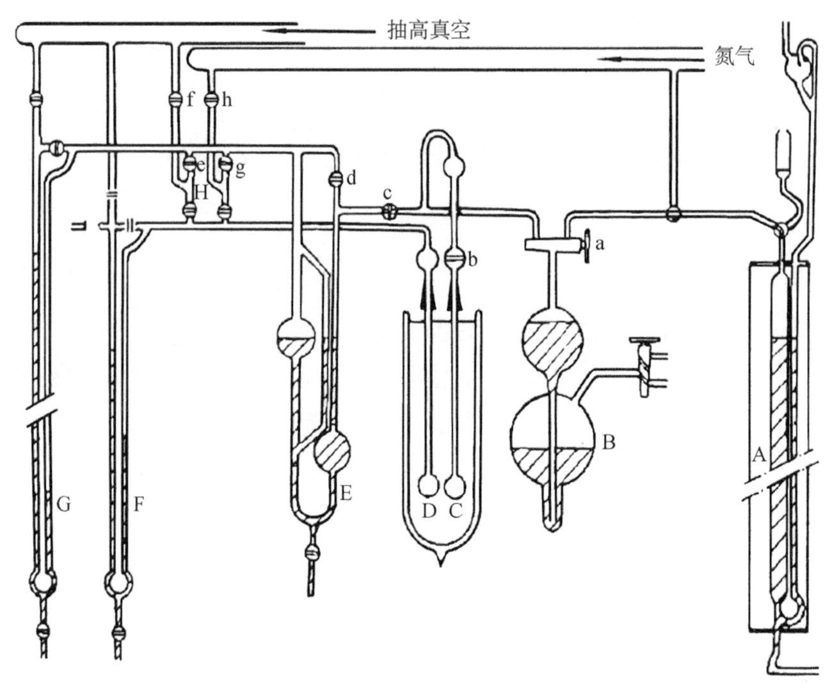

图 3.1 体积吸附测量设备

A. 气体量管；B. 泵管；C. 样品管；D. 氮气压计（液态饱和蒸气用）；E. 毛细管压差计；F、G. 水银压力计；H. 真空用麦克劳压力计

气体如氮气测定。为测量整条吸附等温线，通常保持催化剂在恒定的温度下，逐渐增加吸附质压力并测量不同压力下的吸附量。为了测量化学吸附量，可在测量了总吸附量后抽空脱除可逆的物理吸附部分，然后再进行吸附测量，得到如图 3.2 中所示的三条曲线，从总吸附中扣除物理吸附部分就可得到化学吸附量。

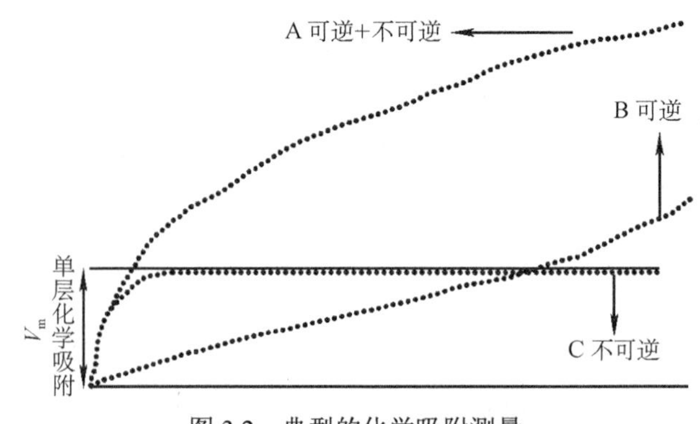

图 3.2 典型的化学吸附测量

一些现代科学仪器公司设计了完全自动化的吸附测量设备，如图 3.3 所示。这些自动吸附仪的特点是：除样品管外，测试仪器部件由金属件构成，使用的是质量流量计、高精度的温度控制器和压力传感器以及不用油脂的电磁阀，由于空间或死体积原因，使用管路集成模块使体积大为减小，能完全实现自动化操作等。用于化学吸附测量的吸附仪在设计上与物理吸附仪有些差别。一般说来，化学吸附量要比物理吸附量小得多，因此化学吸附仪的死体积即自由空间应比物理吸附仪小。化学吸附测量对样品预处理的要求比较苛刻，相应的预处理配置比物理吸附测量要高。

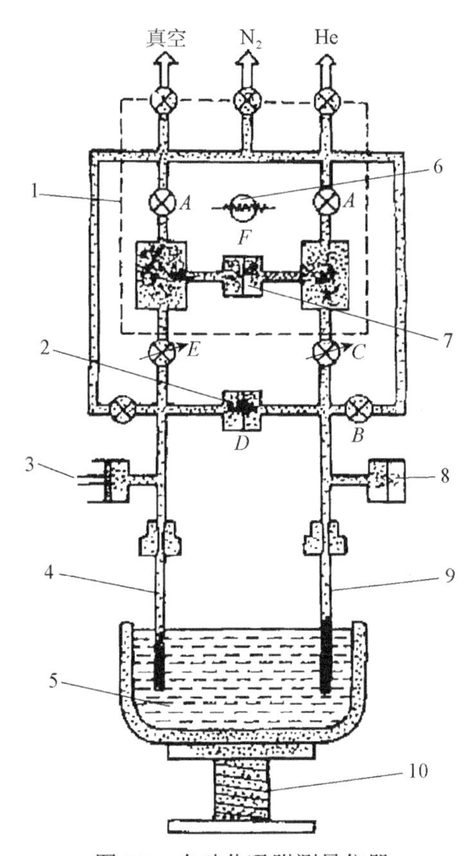

图 3.3　自动化吸附测量仪器

1. 绝热块；2. 压力平衡传感器；3. 体积平衡调节器；4. 平衡管；5. 液氮；6. 测温探头；7. 吸附体积传感器；8. 样品压力传感器；9. 样品管；10. 杜瓦瓶升降机

3.1.2　重量法

原理上，重量法非常类似于体积法，仅有的差别是在重量法中吸附质气体的量是用称量样品重量直接得到的，而在体积法中是从压力和体积测量计算得到的。早期的重量法使用的是石英弹簧天平，其伸长量和重量成比例，而其伸长量可以用仪器精确测量，这类测量装置如图 3.4 所示。在最近 50 年中，电子天平的使用越来越普遍。这类测量装置如图 3.5 所示。

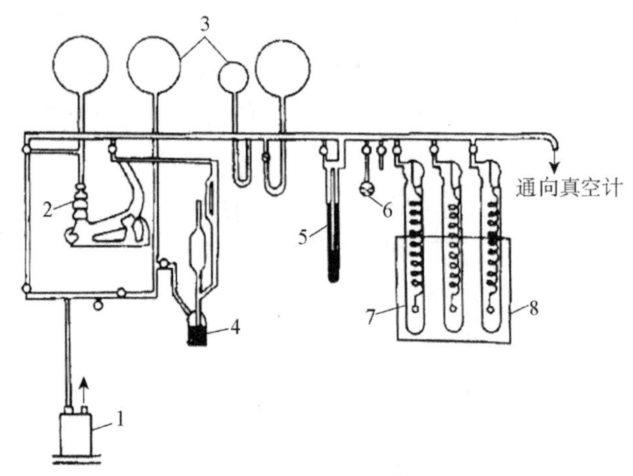

图 3.4　重量法吸附测量装置

1. 真空泵；2. 高真空泵；3. 缓冲瓶和贮气瓶；4. 麦克劳压力计；5. 水银压力计；6. 装有液态吸附质的瓶；7. 弹簧秤；8. 恒温器

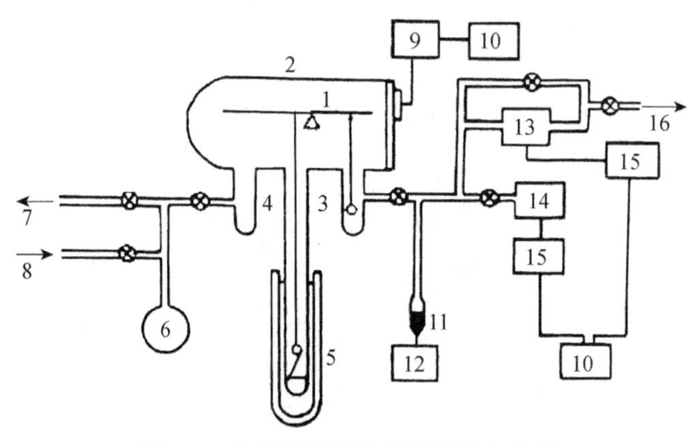

图 3.5　电子天平用于吸附测量的装置

1. 电子微天平；2. 玻璃管；3. 质量计；4. 样品；5. 液氮瓶；6. 贮气泡；7. 接真空；8. 氮气进口；9. 控制部分；10. 记录部分；11. 离子真空压力计；12. 真空测量单元；13、14. 传感器；15. 测量单元（传感器）；16. 扩散泵

重量法无须作死体积的测量，但在高压下测量时需要作浮力校正。如使用石英弹簧天平还需要考虑震动问题。吸附质的相对分子质量比较大时，用重量法测量较为精确；对于相对分子质量小的吸附质，用重量法测量较难得到可靠结果，

此时用体积法测量较好。

3.2 动 态 法

除了静态体积法和重量法外，动态法也能用作吸附等温线的测量。动态法包括连续流动法、双气路法、色谱法和程序升温法等。这些动态法的优点是：无须真空系统和死体积测量，设备简单灵活，一般可自行设计和安装，操作方便、快速和易重复等。

3.2.1 连续流动法

Nelson 和 Eggertsen 首先提出用连续流动法来测量气体吸附量。具体作法是，让一吸附质气体和惰性气体的混合气体在大气压下通过样品池，样品吸附质气体的量用一个热导池检测器跟踪。其装置如图 3.6 所示。混合气体在室温下先通过热导池参考臂，再通过样品池和热导池的另一臂，待建立基线平衡后，把样品的温度降低到吸附温度以促进吸附，热导池将记录下混合气体的浓度变化，当吸附达到平衡时基线也回到原来的平衡位置；而后使样品的温度上升到室温，被吸附的气体因脱附又回到气流中使浓度增加，热导池再一次记录下这一浓度变化，但方向相反，脱附完全后基线又回到平衡位置。因为吸脱附形成的峰的面积代表吸脱附的量，积分得到峰的面积（通常用脱附峰），经校正可获得被样品吸附的气体的量。相对压力可由吸附质气体分压和它在吸附温度下的饱和蒸气压计算得到。改变混合气体中吸附质气体的分压可获得不同相对压力下的吸附量。但是，因为热导池的非线性和温度变化大等原因，这类方法中相对压力最高不能超过 0.35。为了能用连续流动法测量整个相对压力范围的吸附量即吸附等温线，人们发明了双气路法。

3.2.2 双气路法

为了克服连续流动法会带出被吸附质气体的这一缺点，在双气路法中改用另一路纯载气来带出被吸附质气体，需要用一六通阀来切换载气和吸附气气路，同时需要对样品管及其连接管路进行吸附温度下的死体积校正。其测量装置如图 3.7 所示。

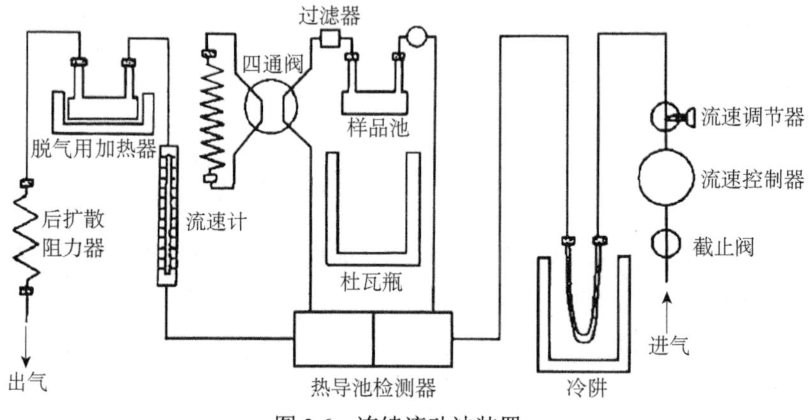

图 3.6　连续流动法装置

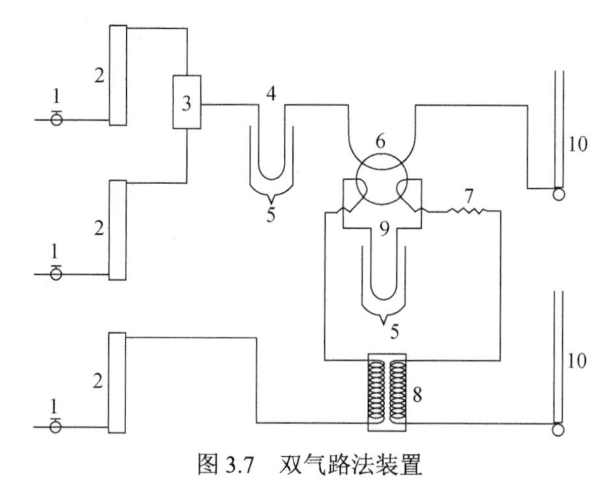

图 3.7　双气路法装置

1. 稳流阀；2. 流量计；3. 混合气；4. 净化管；5. 冷阱；6. 六通阀；7. 热交换管；8. 热导池；9. 吸附管；10. 皂膜流速计

测量前先对样品进行高温脱气（高温下用载气吹扫）净化处理，冷却到室温；在载气有稳定基线后，让有一定分压的吸附质气体的混合气通过已在吸附温度下的样品管，并使其达到吸附平衡（对低温氮吸附通常需约 15 min），然后切换六通阀，同时移去套在样品管上的液氮冷阱，以使样品快速升温并脱附被吸附的气体，热导池记录下载气中气体浓度的变化，算出峰面积，经校正后可得吸附量。改变混合气中吸附气的分压，用同样的方法测量吸附量，从而可以获得吸附等温线。如果要获得脱附等温线，先在较高相对压力下使其达到吸附平衡，然后调整到要测量的相对压力（吸附质气体的分压），让其再一次达到平衡；然后再切换六通阀，同时移去套在样品管上的液氮冷阱，以使样品快速升温并脱附被吸附的气体，此时热导池记录下载气中气体浓度的变化，算出峰面积，经校正后可得脱附量；改变吸附质气体分压，重复以上操作可得脱附等温线。

3.2.3　色谱法

色谱分析器具有简单、快速、方便、灵活的特点，如果分析柱内装填吸附剂，则可用于吸附测量。迎头色谱法多用于吸附等温线以及可逆和不可逆吸附测量，此时有两条气路：一条是载气，另一条是吸附气（常是载气中配有少量吸附质气体的混合气），用四通阀切换。测前先对样品进行高温脱气（高温下用载气吹扫），净化处理，冷却到吸附温度；待基线稳定后，切换四通阀，因气体组成的不平衡，热导池记录一迎头曲线(如图 3.8 中的 a 曲线)，扣除死体积经校正后可得吸附量。变更吸附气组成，重复实验可获得吸附等温线。如果先用吸附气吸附饱和，然后切换成载气，则可获得脱附迎头曲线（如图 3.8 中的 b 曲线），同样扣除死体积经校正后可得脱附量，重复实验可得到脱附等温线。为了进行可逆和不可逆吸附测量，在测得吸附迎头曲线 a 后，切换四通阀，让载气吹扫吸附剂样品使可逆吸附物种脱附后，再一次切换四通阀让吸附气又吸附饱和得曲线 b，扣除死体积经校正后可算得可逆吸附量，曲线 a 和 b 围成的面积经校正后可得不可逆吸附量。所用装置是一台稍加改装的色谱仪。

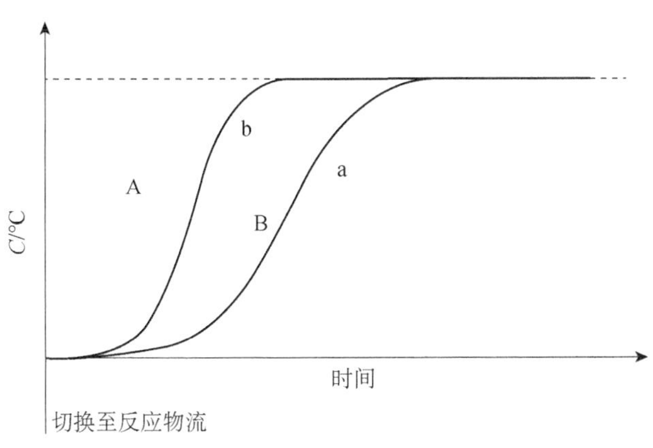

图 3.8　迎头色谱

迎头色谱法原则上也可用于研究非均相催化反应动力学以及可逆和不可逆吸附物种在催化反应中的作用。如果欲对不同时间的流出物的组成进行跟踪分析，只需对设备作很小的改装。由于有反应发生，流出物中包含多种组分，应用合适的分析方法分析不同时间取出的样品，可以获得不同组分的流出曲线，这些流出曲线中包含了它们的吸附和反应动力学信息。应用不同的方法描述发生于反应色谱柱中反应物和产物的运动行为即数学模型，可以获得它们的定量信息。如果再改变实验条件，如不同反应物组成和浓度、温度等，从不同应答曲线可获得更多的信息。因此，该法受到众多科学家的重视，发展了诸如动态-稳态法、迎头反应色谱技术、过渡应答法、加压迎头反应色谱技术等，并推广应用于多相催化反应器，如浆态反应器中的动态分析。

除了迎头色谱法外，脉冲色谱法常用于化学吸附测量，此时用六通阀代替上述的四通阀以产生进样脉冲。脉冲化学吸附装置由气路、压力流速控制和测量系统、热导池、分子筛、四通阀、八通阀、反应器和加热炉以及热偶检测器组成。为了进行定量分析，需用已知精确体积的定量管进行校正。可用一台色谱仪自行改装，如图 3.9 所示。目前也有完全自动化的商品化仪器可用，其构造如图 3.10 所示。脉冲化学吸附测量的程序比较简单，样品经严格净化处理后，脉冲进样。要特别注意载气和样品气的净化。

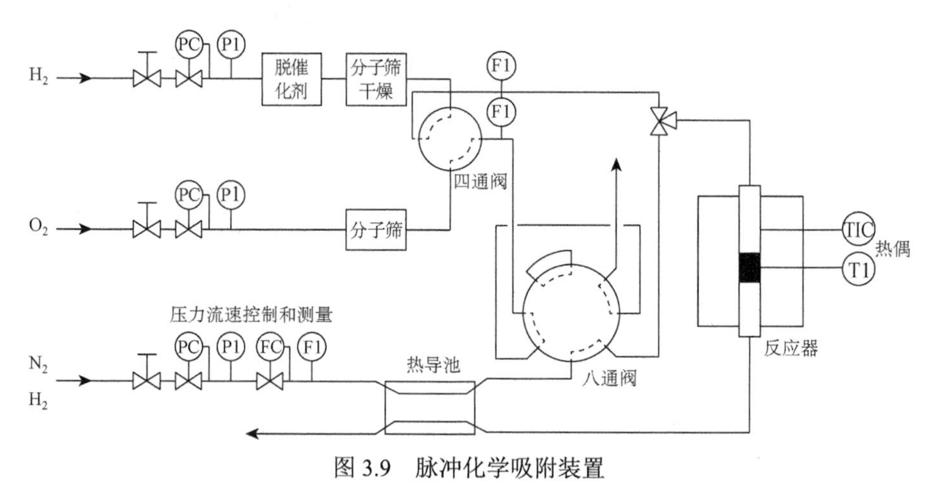

图 3.9　脉冲化学吸附装置

脉冲法已被广泛应用于研究催化反应动力学，因为应答曲线能够被记录而不需要对设备进行较多的改进。理论上的发展，使之可以方便地测量吸附、表面反应速率和催化剂制备对动力学参数的影响，如催化反应色谱技术以及瞬时分析（TAP）技术等。

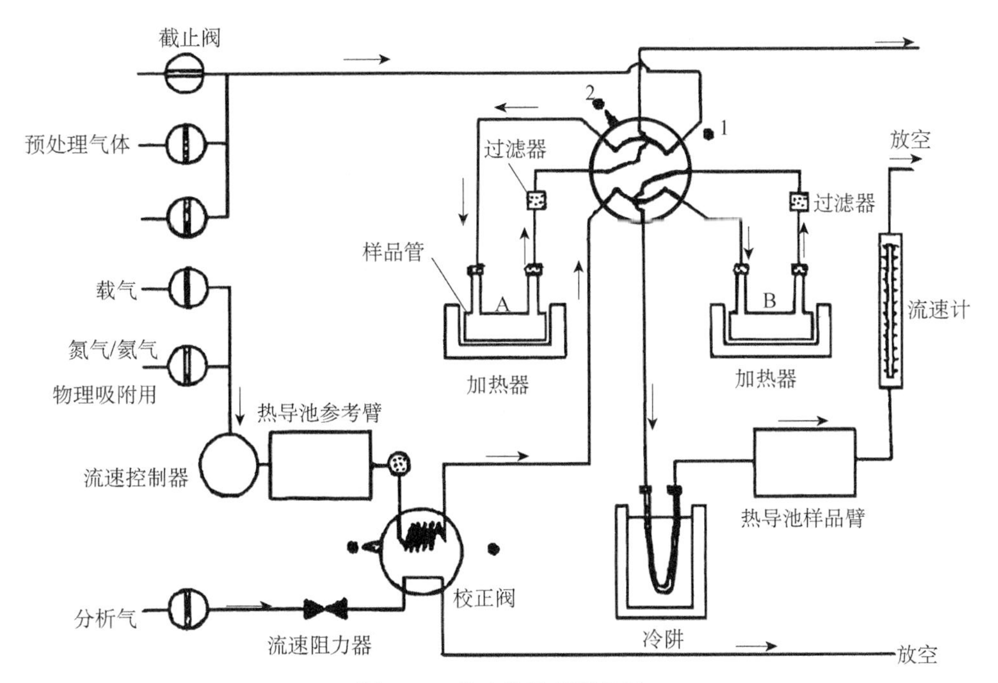

图 3.10　脉冲化学吸附装置

3.2.4　程序升温法

程序升温技术在催化研究中特别有用，而且是应用最广泛的技术之一。这里简要介绍设备组成和实验时应注意的事项。

程序升温设备可用一台色谱仪自行改装。关键是能使催化剂床层温度按预定的程序升高，可以使用一程序升温仪来完成。但自装的设备一般难以定量和完全重复，又加上该仪器应用广泛，一些仪器公司已开发出商品化仪器。他们在设计时考虑的因素较多，而且操作是完全自动化的，由计算机控制。它们的结构大同小异，如图 3.11 所示。虽然是完全自动化，但仍应注意如下若干问题：使用的气体纯度要高，样品预处理程序条件、起始温度、升温速率和最高终点温度的选择要精确等。程序升温技术中包括程序升温脱附（TPD）、程序升温还原（TPR）、程序升温氧化（TPO）、程序升温表面反应（TPSR）、程序升温硫化（TPS）等多种方法。

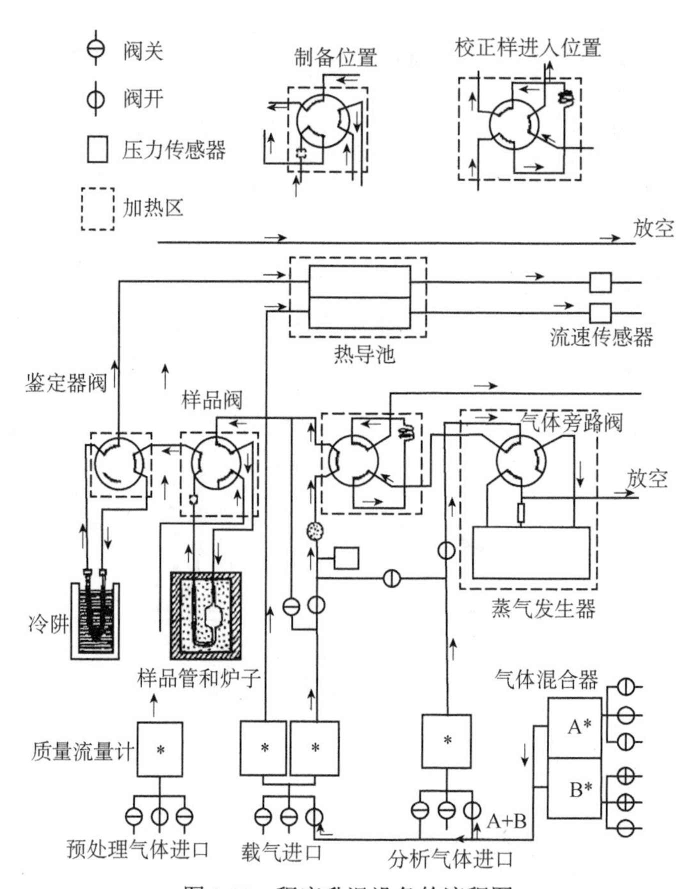

图 3.11　程序升温设备的流程图

第 4 章　微孔固体表面的吸附：Ⅰ型等温线

4.1 引　言

若固体中含有微孔，即宽度只有几个分子直径的孔，则邻近孔壁的势场将互相重叠，因而增加了固体与气体分子的相互作用能。这将导致等温线变形，特别是在低相对压力下沿吸附量增加的方向产生变形，甚至有大证据表明，相互作用十分强时，可能在十分低的相对压力下孔就被完全充满。在最简单的情况下，微孔固体的吸附产生Ⅰ型等温线，所以，用“经典”的观点讨论Ⅰ型等温线，再探讨微孔固体中的吸附这一主题是恰当的。

4.2 Ⅰ型等温线

Ⅰ型等温线以一个平台为特征，平台是几乎水平或完全水平的。随着饱和压力增加到极值，等温线或者陡峭地与 p/p_0=1 轴相交，或者表现为一条“拖尾”，逐渐与压力轴相交（图 4.1）。Ⅰ型等温线滞后作用的情况是不同的。许多Ⅰ型等温线不显示滞后回线（图 4.1），而一些Ⅰ型等温线却显示确定的滞后回线，而这些滞后回线也可能延续到最低压力（“低压滞后作用”），也可能不延续到最低压力（图 4.2）。Ⅰ型等温线十分普遍，不再像曾一度认为的那样只限于活性炭吸附。许多固体若制备得当，将得到Ⅰ型等温线，例如氧化硅、氧化钛、氧化铝、氧化锡、纳米纤维，甚至于像钼酸铵这样的杂多酸的盐类都可以得到Ⅰ型等温线。另外，沸石分子筛给出了特别确定的Ⅰ型等温线。

关于Ⅰ性型等温线的任何一种解释都必须考虑到这样的事实，即吸附量不像Ⅱ型等温线那样连续增加，而是达到以平台 BC 表示的一个极限值。按照早期的经典观点，吸附量极限的存在是因为孔非常窄，以至于不能容纳孔壁上多个单分子层的吸附量，所以在吸附平台上表现为相应的单层的吸附完成。

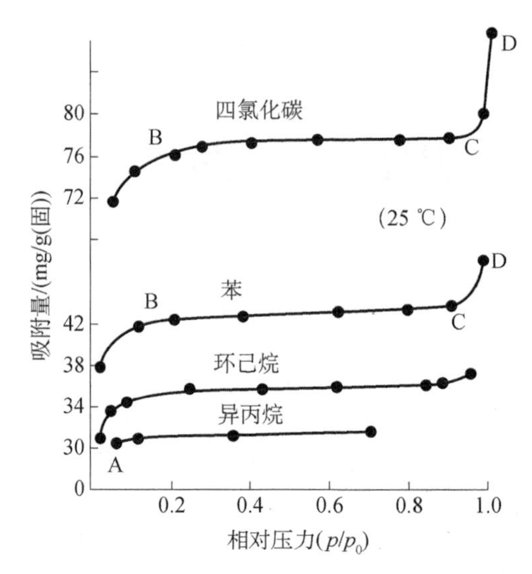

图 4.1　有机蒸气在磷钼铵上的吸附等温线

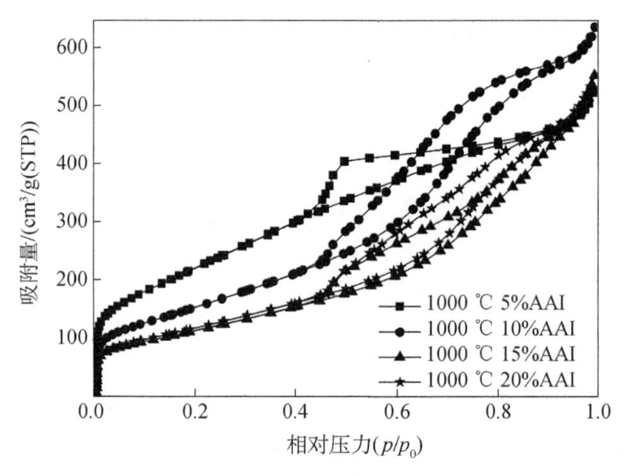

图 4.2　不同乙酰丙酮铁浓度的碳纳米纤维的吸附等温线

AAI：乙酰丙酮铁

Langmuir 模型虽然起初是以敞开表面上，亦即以非孔固体上的吸附为基础建立起来的，但是也可用来解释 I 型等温线的形状，因而假设 I 型等温线符合前述的方程，

$$\frac{n}{n_{\mathrm{m}}}=\frac{Bp}{1+Bp} \tag{4-1}$$

若用相对压力而不用压力，则方程变为

$$\frac{n}{n_{\mathrm{m}}}=\frac{C(p/p_0)}{1+C(p/p_0)} \tag{4-2}$$

由有限吸附层的 BET 方程，设最大吸附层数 N=1，可以直接导出上述方程。

为了用实验数据检验 Langmuir 等温线，方程（4-1）可以改写为

$$\frac{p}{n}=\frac{1}{Bn_{\mathrm{m}}}+\frac{p}{n_{\mathrm{m}}} \tag{4-3}$$

方程（4-2）改写为

$$\frac{p/p_0}{n}=\frac{1}{Cn_{\mathrm{m}}}+\frac{p/p_0}{n_{\mathrm{m}}} \tag{4-4}$$

以 p/n 对 p 或以（p/p_0）n 对 p 作图，应该得到一条斜率为 $1/n_{\mathrm{m}}$ 的直线。

另外，我们注意到对方程（4-1）作 $n/n_{\mathrm{m}}=\theta$ 代换后，有

$$\frac{\theta}{1-\theta}\times\frac{1}{p}=B \tag{4-5}$$

或由方程（4-2）得

$$\frac{\theta}{1-\theta}\times\frac{1}{p/p_0}=C \tag{4-6}$$

这样一来，这两个方程左侧的系数与 θ 和 p（或 p/p）无关。应用式（4-5）和式（4-6）时，有必要检验 n_{m}；若等温线平台是接近水平或完全是水平的，则可以取饱和压力时的吸附为 n_{m}。

实际上，等温线与 Langmuir 方程符合的程度有很大不同。在一些情况下，p/n 对 n（或$(p/p_0)/n$ 对 p/p_0）作图得到一条很好的直线，见图 4.3（a）。但在另一些情况下却得到一条明显弯曲的线，见图 4.3（b）。同样，方程（4-5）或方程（4-6）中的系数有时几乎与 θ 无关，有时又强烈地依赖于 θ。比如，在某种沸石上，Ar 在许多不同温度下的吸附，$\theta/[p(1-\theta)]$对 θ 作图几乎是水平的。可是对于 CO_2 吸附，在较低温度下的 Langmuir 系数都远离常数，如图 4.4（a）、（b）所示。

Langmuir 方程的基础是假设吸附热不随覆盖度 θ 而变。有趣的是，在刚才引述的系统中，在 CO_2 吸附的情况下，吸附热随吸附量而变化，而在 Ar 吸附时，吸附热实际上又与吸附量无关。

这里出现了这样的情况，即遵守 Langmuir 方程并不成为机理正确性的证明，因为 B（或 c）和 n_{m} 都是可以任意处理为常数的。量 υ_1 和 E_1 不能够预先进行理论计算。然而，在这里我们关心的主要量是 n_{m}，不管是由 Langmuir 图和方程（4-3）或方程（4-4）导出的还是由等温线平台确定的。按照经典的 Langmuir 模

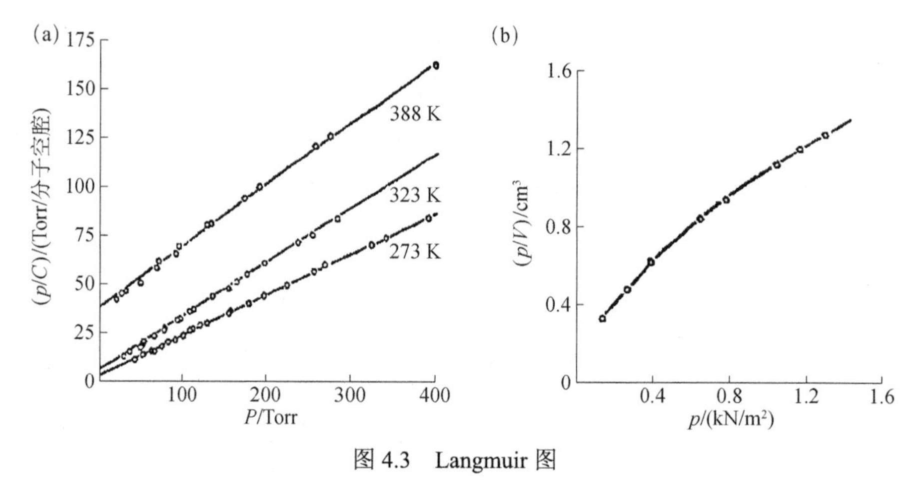

图 4.3 Langmuir 图

（a）丙烷在 5A 沸石上吸附；（b）一氧化碳在 CaY-5A 上吸附；1 Torr=1.33322×10^2 Pa

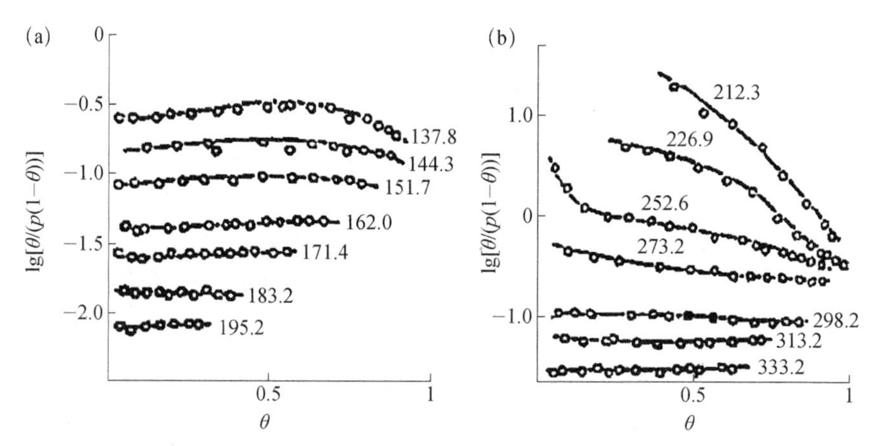

图 4.4 不同温度下，在六方-菱沸石上吸附时，Langmuir 系数的对数对 θ 作图

（a）氩吸附；（b）二氧化碳吸附

型，n_m 实际上等于单层容量，借助于标准关系式 $A=n_m a_m L$，可以由 n_m 换算得到固体比表面积 A。然而，有些观点认为这种判断是不可靠的，这样求得的值不代表真实的比表面积。

首先，比表面积的计算值常常高得几乎不可能。例如 Saran 炭，计算所得比表面积约为 3000 m^2/g。这个数字很大，实际上比设想 1 g Saran 炭仅以单原子厚的石墨层形式存在时气体可以达到的单层两侧的比表面积（2630 m^2/g）还要大一些。这种脆弱的结构能与材料的机械强度相协调是难以想象的。

Pierce Wiley 和 Smith 在这方面提供了另一个证明。他们发现在 900 ℃下蒸气活化的一种炭的饱和吸附量增加了三倍，但等温线仍然为 I 型。他们认为：即使活化前孔宽只有两个分子直径，由于活化时除去了氧化物，孔宽也会增加。所以，活化后得到的Ⅰ型等温线理应和孔宽大于两个分子直径的孔相应。（另一种解释认为活化产生了和原先的孔同一宽度的新孔，这种解释似乎不大可能。）与此不同，显示Ⅰ型等温线的系统常常服从 Gurvitsch 规律的这一事实，提供了另一种证据：一定吸附剂所吸附的不同吸附质的量，当换算为液体体积时在百分之几以内是一致的。这种一致程度的典型例子如表 4.1 中正构烷烃在磷钼酸铵上的吸附和表 4.2 中引述的多种吸附质在硅胶上的吸附所示。然而必须承认，即使等温线为Ⅰ型也发现有与 Gurvitsch 规律显著偏离的情况。比如，表 4.3 中饱和吸附量的变化就远超出实验误差。对于分子较大的吸附质，饱和吸附量很小，这种偏离可以用分子筛效应作恰当解释。

表 4.1　磷钼酸铵上吸附的 Gurvitsch 规律（以 p/p_0=0.9 时的吸附量计算的液体体积）

吸附质	温度 T/℃	吸附量 V_m/(cm³/g)
甲烷	−183	0.5088
乙烷	−100	0.5046
丙烷	−64	0.0515
正丁烷	−23	0.0490
正戊烷	0	0.0508
正己烷	25	0.0542
正庚烷	25	0.0526
正辛烷	25	0.0530
正壬烷	26.3	0.0522
水	25	0.0555

表 4.2　硅胶 B 的 Gurvitsch 规律（饱和吸附量以 25 ℃下的液体体积计算）

吸附质	吸附量 V_m/(cm³/g)
正 C_4H_9OH	0.360
CCl_4	0.344
二烷	0.354
C_2H_5OH	0.385
HCN	0.363
CH_3OH	0.384
正 C_3H_7OH	0.351
异 C_3H_7OH	0.362
$N(C_2H_5)_3$	0.358
H_2O	0.351

表 4.3　对于硅胶的 Gurvitsch 规律（按照接近饱和（p/p_0）时的吸附量计算的液体体积）

吸附质	温度 T/K	V_m/(cm^3/g)
二氧化碳	195	0.205
氮气	77	0.187
一氧化碳	77	0.186
氧化亚氮	195	0.184
甲烷	90	0.160
乙烷	195	0.157
环丙烷	195	0.154
丙烷	195	0.146
氩气	77	0.112
苯	298	0.128
丁烷	273	0.125
四氯化碳	298	0.074
新戊烷	273	0.061

显示 I 型等温线的系统符合 Gurvitsch 规律这一事实暗示：吸附质是以密度接近体相吸附质的形式凝聚于孔中的。由这一事实又可认为：因为吸附质具有不同的分子尺寸和形状等，这些分子的特性必定会影响它们在这种窄毛细孔中的堆积方式，所以孔宽大于两分子直径，而如要保证消除不同分子个性的影响，从而使不同分子能堆积得如体相液体，则孔宽必须达数个分子。

由量 n_sV_t 与由吸附剂的表观密度 ρ(Hg)和 ρ(F)（分别用浸入汞方法和其他一些合适的流体 F 方法测定）计算的孔体积常常是一致的。这也证实了饱和吸附量 n_s 的确近似于吸附剂的孔体积。因为在大气压下汞不能进入直径小于～14 μm 的孔，所以 $1/\rho$(Hg)等于固体物质本身的体积加上几乎所有的孔体积。另一种置换流体 F 可以选用气体氦（假定它不被吸附）或选用像苯这样的液体。此时除了入口比 F 的分子直径窄的孔外，苯可以进入所有的孔。所以，$1/\rho$(Hg)等于固体物质的体积加上所有亚分子孔的体积。因而 $1/\rho$(Hg)$-1/\rho$(F)实际上等于样品的孔体积，同样，也等于 Gurvitsch 体积。

然而，如果试验无误，饱和吸附量必然是一个有限值，等温线必然以锐角（最好是～90°）与 p/p_0=1 轴相切。表 4.4 中给出了一些典型例子，由表可见两种方法测定的值比较一致。关于木炭样品的测定值，置换密度法结果比 Gurvitsch 高一些，这是容易理解的。因为氦分子小，所以能够进入氮或氯乙烯所不能进入的孔。

表 4.4　按 Gurvitsch 规律得到的孔体积与按置换密度法测定的孔体积比较

固体	按 Gurvitsch 规律得到孔体积 $V/(cm^3/g)$		用汞和流体置换密度法测定孔体积 $(1/\rho_{11R}-1/\rho_F)/(cm^3/g)$		
	$=x/(\rho l)$	吸附质	孔体积	流体 F	编号
活性炭 SCO	0.464	氮气	0.473	氦气	7
	0.445	氯乙烷			
活性炭 SC33	0.603	氮气	0.612	氦气	7
	0.582	氯乙烷			
活性炭 SC70	0.866	氮气	0.873	氦气	7
		氯乙烷			
加热至 200 ℃的氧化锡	0.088	四氯化碳	0.085	四氯化碳	14
加热至 300 ℃的氧化锡	0.094	四氯化碳	0.098	四氯化碳	14

这些不同的测定结果使得 Pierce Wiley 和 Smith 以及 Dubinin 在 1949 年分别独立提出：在非常细的孔中，吸附机理是孔填充而不是表面覆盖。所以Ⅰ型等温线的平台代表孔被吸附质充满，其填充过程与毛细凝聚不同，是在孔壁上一层一层地填充并构筑薄膜。

近些年获得的实验数据有助于支持和扩展这一概念。其中，Ramsay 和 Avery 研究了加压对两种（氧化铁和氧化硅）细分散粉末等温线的影响，其结果特别具有启发性。比如，像较早期的研究那样，原始粉末上的等温线为Ⅱ型。但是，加压后首先变为Ⅳ型并有十分确定的滞后回线。随着压力的增加，滞后回线逐渐移向较低的相对压力。比较吸附质在非孔固体样品上的等温线（Ⅱ型）与同一吸附质在同一化学本质的多孔样品上的Ⅰ型等温线，可以对产生Ⅰ型等温线的系统的吸附特性获得一些了解。一个恰当的例子是比较炭黑与活性炭的吸附。表 4.5 中的数据是 Dubinin 在低压区的一些相对压力下，苯在这两种炭上吸附量的比较（任意取 p/p_0=0.175 时的吸附量为 1）。在活性炭上的等温线明显地向上弯曲，这意味着其吸附热比炭黑“敞开”表面上的吸附热高。如图 4.5 中活性炭和炭黑的净吸附热–吸附量曲线也证实了这一点。

表 4.5　等温线的数据列表

孔（组分类）	$S_{i+1}/(m^2/g)$	$(S_i-S_{i+1})/(m^2/g)$	平均孔径 r_h/Å	$V_i/(m^3/g)$
1	520	272	4.25	0.1156
2	360	160	4.75	0.0760
3	280	80	5.25	0.0420
4	200	80	5.75	0.0460
5	140	60	6.25	0.0375
6	80	60	6.75	0.0405

续表

孔（组分类）	S_{i+1}/(m²/g)	(S_i-S_{i+1})/(m²/g)	平均孔径 r_h/Å	V_i/(m³/g)
7	20	60	7.25	0.0435
8	10	10	7.75	0.0077
		$\sum S_i$=782		

注：BET 比表面积=793 m²/g，V-t 面积=782 m²/g，总孔体积=0.434 m³/g，MP 孔体积=0.4088 m³/g，此处把 BET 和 V-t 面积的不同归结于没有涵盖孔的内部。

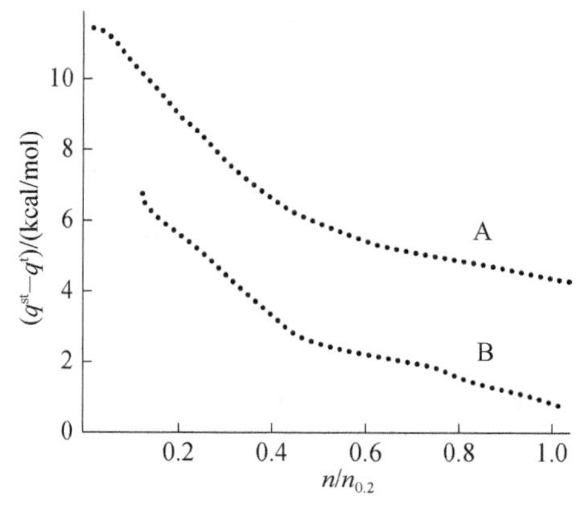

图 4.5　净微风吸附热（$q^{st}-q^{t}$）对相对吸附量 $n/n_{0.2}$ 作图；$n/n_{0.2}$ 为 p/p_0=0.2 时的吸附量

A 为活性炭；B 为炭黑

Kiselev 曾注意到，与非孔氧化硅比较，苯在细孔氧化硅上的吸附等温线也发生了类似的弯曲。Sing 等证明，由微孔氧化硅上的 I 型等温线计算的氮吸附等容热比由非孔氧化硅上的 II 型等温线计算的值要高（图 4.6）。在非常细的孔中吸附热的增高仅仅是邻近孔壁吸附力场叠加的结果。人们认识到这种强化的可能性已有半个世纪，最近又做了许多努力来解决计算吸附分子与微孔孔壁的理论相互作用能这个难题。

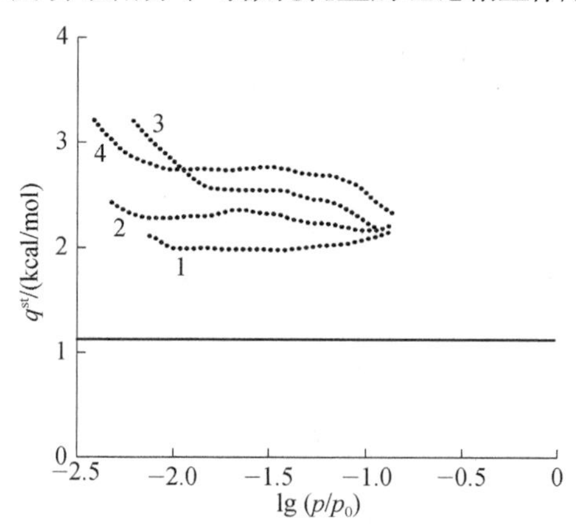

图 4.6　77 K 下非孔和多孔二氧化硅上氮吸附等容热 q^{st}

1. 非孔 “Fvansil”；2. 中孔硅胶；3. 中孔和微孔硅胶；4. 微孔硅胶

4.3　极细孔中的力场

在非常细的孔中相互作用能的计算，是以原子间配对方式相互作用的某一标准表达式为基础的，这已在前面叙述过了。例如，Anderson 和 Horlock 用 Kirkwood-Muller 公式计算活性氧化镁缝隙形孔中的氩吸附。他们发现，最大势能增强出现在宽为 4.4 Å 的孔中，其数值为 3.2 kcal/mol。此值可以分别和氧化镁自由暴露的（100）面的阳离子、阴离子和晶胞中心等位置的能量 1.12 kcal/mol、1.0 kcal/mol 和 1.07 kcal/mol 相比较。

Gurfein 等作了更详细的分析。他们选择壁厚仅为一个分子的圆柱体模型。几年之后，Everett 和 Powl 扩展的模型范围不仅包括壁厚仅一个分子的缝隙形孔，而且也包括由无限平板固体卷成的圆柱体和由平行的固体平板形成的缝隙。

由上述两位研究者分析表明，临界参数不是孔尺寸本身（缝隙宽或圆柱体半径），而是孔尺寸与吸附质分子尺寸之比。这可以用图 4.7 加以说明，图中（a）、（b）、（c）表示缝隙形孔的不同 d/r_0 值随壁厚的变化，d 为缝隙半宽，r_0 为分子碰撞半径，曲线展示出吸附质分子的相互作用势能随其距缝隙中点距离的变化，以无因次形式作 Φ/Φ^*-d/r_0 图，Φ^*为吸附质分子与自由暴露晶面的相互作用势能。对于较大的 d/r_0 值，势能[曲线（a）]有两个极小值，但是，随着 d 值减小，二者合二为一，同时势能曲线的深度增加[曲线（b）和（c）]。

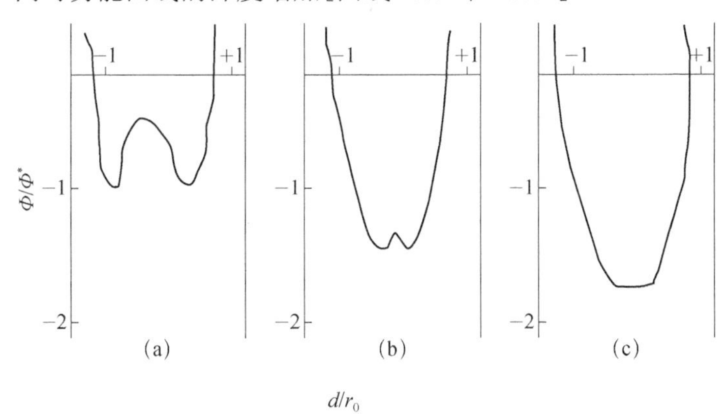

图 4.7　缝隙形孔中，平行平板之间相互作用势能的增强

所以，以敞开表面作对比，比值 Φ/Φ^*是微孔中吸附能量增强的量度。在图 4.8 的曲线（i）中，以此比值对 d/r_0 作图。由图可见，当 d=1.5r_0 时，吸附能的增强

仍然是可观的。但是，当 $d=2r_0$ 时，吸附能的增强几乎消失。甚至当 $d/r_0=1$ 时（这相当于在缝隙中呈现单分子紧密堆积）吸附能也只是增强 1.6 倍。然而，由于可能发生协同效应（停留时间增加的结果是 Φ 增强），又会使更多分子吸附在缝隙中的邻近部位上。吸附能增强作用对吸附等温线的影响还要更大些。

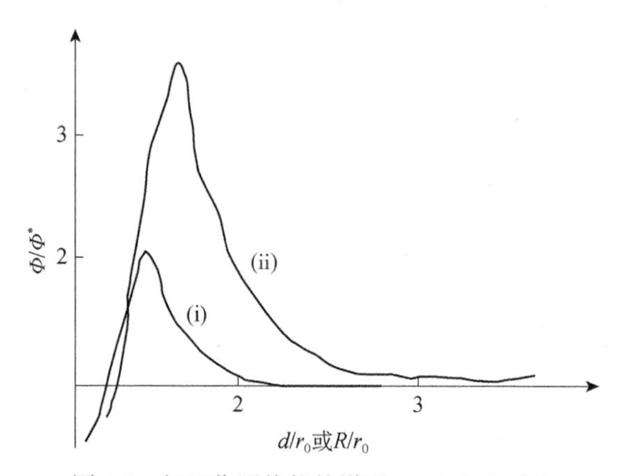

图 4.8 相互作用势能的增强，Φ/Φ^*-d/r_0 图

（i）缝隙孔的两平行板面之间；（ii）固体体相中的圆柱形孔

如所期望的那样，吸附势能在圆柱形孔中的增强显著大于缝隙形孔中的增强[见图 4.8 曲线（ii）]。当 $R/r_0=2$ 时，势能增强大于 50%；当 $R/r_0=3$（R 为圆柱体半径）时，吸附势能增强仍然十分显著。计算表明，当半径超过 $R=1.086r_0$ 时，单一的极小[可与图 4.7（c）比较]扩大为一个环状极小（亦即两个极小值以任意轴面的形式存在），参见图 4.7（a）。

这些计算为早期从唯象理论立场出发得到的论点提供了理论支持。这种唯象理论的论点认为，在以分子尺寸量度的孔中的吸附与在更粗孔中的吸附是十分不同的，把它们分类为微孔是正确的。计算还进一步表明，一开始微孔作用的孔尺寸的上限，由吸附质分子的大小决定，对于缝隙形孔，此上限约为 1.5σ，而对于近似圆柱形的孔，则约为 2.5σ。此上限的精确数值取决于实际孔形，协同效应可能提高上限值。

4.4 微孔分析概述

如前所述，国际纯粹与应用化学联合会将孔隙分为孔隙宽度大于 50 nm 的大孔、孔隙宽度为 2～50 nm 的中孔和孔隙宽度小于 2 nm 的微孔。进一步将微孔分为极微孔（孔隙宽度<0.7 nm）和超微孔（孔隙宽度 0.7～2 nm）。而中孔则表现为Ⅳ型和Ⅴ型吸附等温线，理想情况下微孔材料表现为Ⅰ型等温线。Ⅰ型等温线的特征是水平平台较长，一直延伸到较高的 p/p_0。这种吸附等温线可以用 Langmuir 方程（Langmuir equation）来描述，Langmuir 方程是建立在假设吸附最多只局限于一个单层的基础上的。因此，Langmuir 方程常用于测定微孔材料的比表面积。然而，尽管经常观察到 Langmuir 方程与实验数据吻合良好，但得到的比表面积结果并不能反映真实的比表面积。任何能将吸附量限制在少数单层的因素也会产生Ⅰ型等温线，微孔的情况也是如此。由于微孔的孔径较小，不利于多层吸附，因此限制了吸附量。我们已经在前面讨论了微孔吸附的理论背景。本章将讨论这些理论方法在微孔材料孔径/体积分析中的应用。

4.5　等温线法微孔分析

4.5.1　*V-t* 曲线的概念

吸附剂表面永远不会覆盖均匀厚的吸附膜，而是具有明显的密度分布，这在很大程度上取决于温度。尽管如此，通常假设孔壁上的膜厚是均匀的，这使得我们可以从气体吸附等温线得到所谓的统计厚度 t。Shull 表明，在一定数量的非多孔固体上吸附的重量 W_a，对应于单层形成的重量 W_m，当绘制相对压力时，无论固体是什么，都可以用一条曲线表示。Shull 曲线是一种典型的Ⅱ等温线。其他文献也对各种非多孔材料进行了类似的绘制，特别是在相对压力大于 0.3 的情况下这些点都能很好地拟合出一条共同曲线。如果单分子层在深度上被想象成均匀的一个分子，那么 W_a/W_m 的曲线图揭示了任意数量的单分子层所对应的表面覆盖的相对压力。因此，如果吸附层直径已知，则可用单分子层数乘以吸附层直径计算统计深度 t。Shull 假设吸附分子在膜中一个接一个地堆积，推断氮气的单层深度为 4.3 Å。更现实的假设是薄膜结构为紧密填充的六边形，导致单层厚度为 3.54 Å。因此，吸附膜的统计厚度 t 为

$$t = 3.54\frac{W_a}{W_m}$$

如果吸附的体积表示为相应的液体体积，则有

$$t = \frac{V_{\text{liq}}}{S} \times 10^4 \tag{4-7}$$

这里 S 为总比表面积，V_{liq} 为吸附液体积，$V_{\text{liq}} = V_{\text{ads}}(\text{STP}) \times 15.47$，氮气的吸附在 77 K 下进行。

Lippens 和 de Boer 已经证明（在 II 型等温线的情况下）通过吸附的体积图，V_{liq} 对 t 计算可以得到一条穿过原点的直线。这种性质的图称为 V-t 曲线，根据斜率计算出的比表面积（4-7）与给出的 BET 值通常是可以相比较的。

4.5.2 *t* 线图方法

利用比较微孔材料等温线与标准 II 型等温线的方法，是 Lippens 和 de Boer 提出的 t 线图法。这种方法可以用于测定微孔体积和比表面积，原则上还可以测定平均孔径的信息。t 线图法采用复合的 t 标准（参考）曲线，从一些非孔的吸附剂的数据中获得微孔分析 BET 的 C 常数与待测微孔样品相似的吸附剂。实验测试等温线后重新绘制为 t 曲线，例如，图 4.9 中吸附的气体体积为 t 的函数，即标准多层厚度对参考的无孔材料在相应的 p/p_0 相对压力下的值。这些值实际上是通过描述特定标准（参考）曲线的厚度方程计算出来的。

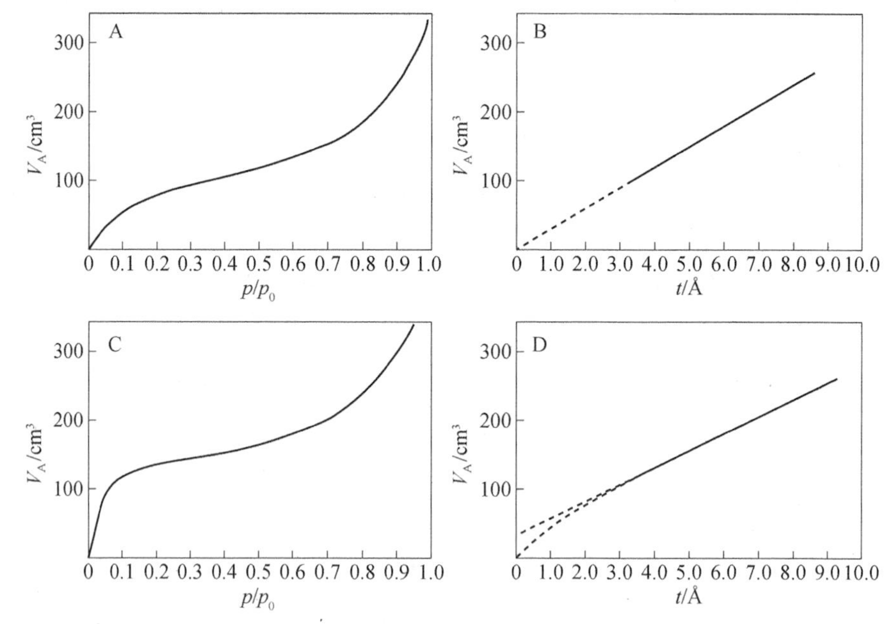

图 4.9 A 为标准 II 型等温线；B 为标准 II 型等温线的 t 线图；
C 为 II 型等温线+微孔试样；D 为等温线 C 的 t 线图

de Boer 得到了一个较为普遍的厚度方程，该方程表示了氮在 77 K 时对具有氧化表面的非多孔吸附剂（如硅质材料）的吸附：

$$t=\left[\frac{13.99}{\ln(p/p_0)+0.034}\right]^{1/2} A$$

类似的厚度方程，即 Harkins-Jura 方程，也经常用于沸石材料的分析。该厚度方程是基于非孔 Al_2O_3 上的吸附数据得到的。

如前所述，Harkins-Jura 方程是另一种常用的替代方法。77 K 吸附氮的 Harkins- Jura 方程可以表示为

$$t=3.54\left[\frac{5}{\ln(p/p_0)}\right]^{1/3} A$$

或者，一般形式（对于其他吸附剂和温度）为

$$t=a\left[\frac{1}{\ln(p/p_0)}\right]\frac{1}{b} A$$

其中，氮气在氧化物表面吸附温度为 77 K，a 和 b 分别为 6.0533 和 3.0。将 Frenkel-Halsey-Hill (FHH) 方法应用于与多孔试样表面化学性质相同的非多孔吸附剂上的吸附数据可以得到预因子 a 和指数 b。

t 线图法在计算统计膜厚曲线时，利用 BET C 常数的值，考虑了吸附剂表面的性质。其也是对 t 线图法的一种批判性评价，特别是最近被 Hudec 等报道的关于沸石的表征。对于以炭黑为主的类炭吸附剂，更适合采用专门针对炭黑的厚度方程，如 STSA （BET 比表面及孔径分析中的相关方程）方程，这也是美国材料与试验协会标准 D-6556-01 中所建议的 STSA 方程，其中炭黑的统计层厚度为

$$t=0.88(p/p_0)^2+6.45(p/p_0)+2.98$$

Kaneko 也发表了氮在碳表面吸附的统计膜厚数据。实验等温线形状与标准等温线形状的差异导致了 t 线图的非线性区域，如果将 t 线图外推到 t=0，则会出现正截距或负截距。这些与标准等温线的偏差可以用来获得吸附剂的微孔体积和微孔比表面积的信息。

微孔和非微孔样品的典型 t 线图如图 4.9 所示，A 为标准Ⅱ型等温线，B 为标准Ⅱ型等温线的 t 线图，C 为Ⅱ型等温线+微孔试样，D 为等温线 C 的 t 线图。

如果等温线 A 的形状与无孔试样（类型）的标准等温线相同，则 t 线图 B 为通过原点的直线，原点的斜率为比表面积，由式（4-7）可知。利用图 4.9 中 B 曲线的斜率 s，将式（4-7）简化为

$$S_{\mathrm{t}} = s \times 15.47\ \mathrm{m^2/g}$$

在没有微孔的情况下，t 线图法测试的比表面积、S_{t} 与 BET 法测定的比表面积有较好的一致性。当存在相对较小的微孔时，吸附等温线 C 在较低的相对压力下，对气体的吸收增加。t 线图中的 D 图为线性，外推吸附轴时，其截距为正值 i，相当于微孔体积 V_{MP}：

$$V_{\mathrm{MP}} = i \times 0.001547\mathrm{cm^3} \tag{4-8}$$

微孔试样的外比表面积 S_{ext} 可由 t 线图中的 D 的斜率得到（图 4.9D），即微孔比表面积（S_{mico}）可由 $S_{\mathrm{mico}}=S_{\mathrm{BET}}-S_{\mathrm{ext}}$ 关系计算得到。

D 中直线的斜率与外比表面积成正比，因为所有的微孔都被填充。吸附等温线 E（图 4.10）是典型的只有微孔的样品。对应的 t 线图 F 的解释方法与 D 是一样的。在 G 中描述了一个典型的Ⅳ型等温线，该等温线表明有中孔的存在，如果存在额外的微孔，得到的等温线的形状如图 4.10H 所示。图 4.10J 中的 t 线图表示中孔存在时对应的微孔图解，J 中 2 是一种微孔体积大于 J 中 1 的材料。V_{A}-t 曲线的初始斜率对应于 t 的较小值，它代表了在大孔和小孔完成填充后的吸附膜。那些微孔的直径小于所吸附的分子直径，所以这类孔不能为捕获气体分子做出贡献。因此，总比表面积的 V_{A}-t 曲线的初始斜率可以通过式（4-7）得到。较宽孔的比表面积可以从 t 线图线性部分 D 的斜率得到。这个面积代表了除了微孔之外所有孔的统计厚度的建立，这些微孔被假定在较高的 t 值下填充。因此，这两个表面的区别仅仅是微孔的表面积。这两个线性部分之间的区域代表了微孔被填充在较大的孔隙中，多层吸附继续发生。因此，将气体体积转换为相应的液体后，微孔面积可由式（4-7）计算得到

$$S_{\mathrm{micro}} = \left[\left(\frac{V_{\mathrm{liq}}}{t}\right)_{\mathrm{lower}} - \left(\frac{V_{\mathrm{liq}}}{t}\right)_{\mathrm{upper}}\right] \times 10^4 \tag{4-9}$$

在相对压力较低的情况下，由于缺乏足够的数据，t 线图低处线性部分 D 的总比表面积难以计算。因为总比表面积应该等于 BET 的比表面积，微孔比表面积为

$$S_{\mathrm{micro}} = S_{\mathrm{BET}} - (V_{\mathrm{liq}} / t)_{\mathrm{upper}} \times 10^4 \tag{4-10}$$

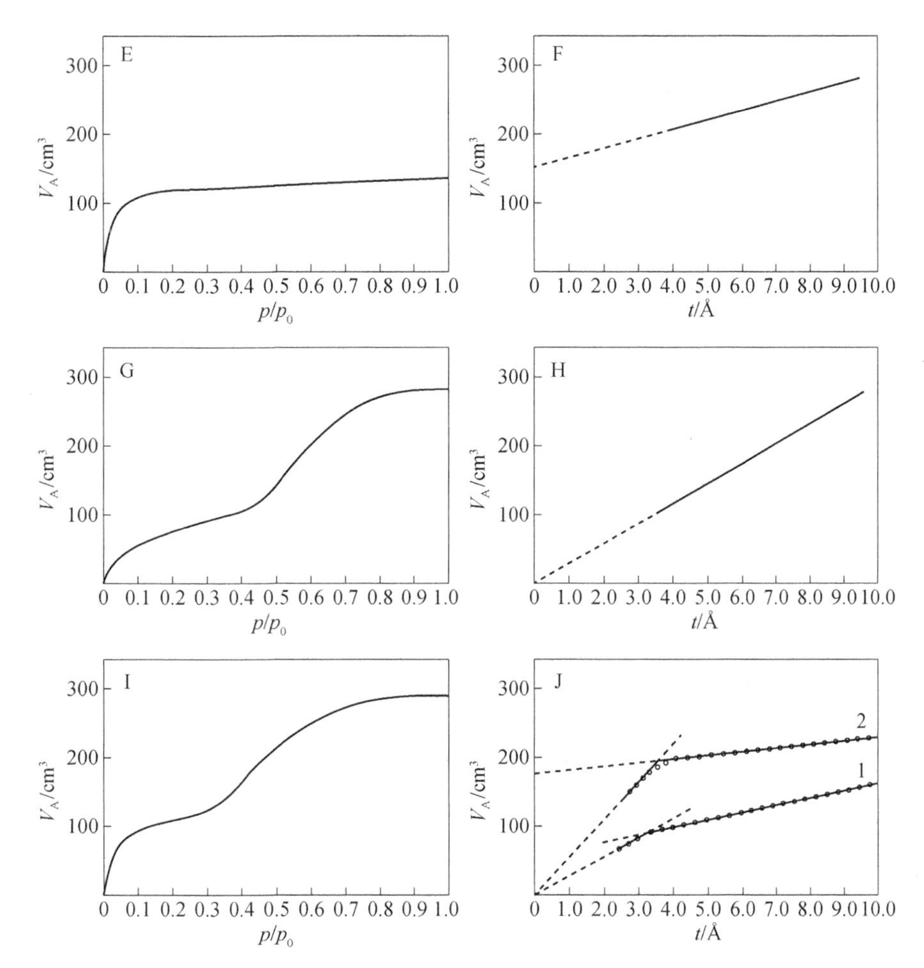

图 4.10　E 为微孔材料的等温线；F 为 E 的 t 线图；G 为 Ⅳ 型等温线；H 为 G 的 t 线图；I 为 Ⅳ 型等温线和微孔材料；J 为 I 的 t 线图

如图 4.9 D 所示。微孔材料的线性 BET 区域一般出现在相对压力小于 0.1 的情况下，相对压力越大，线性 t 线图的范围越大，且与微孔的尺寸分布有关。图 4.10J 中，t 线图的两个线段出现突变，说明在较窄的孔径范围内存在一组微孔，而 J2 的两个线性部分之间的曲率表明微孔分布更广。

4.5.3　α_s 方法

Gregg 和 Sing 开发的 α_s 方法是另一种在不了解吸附统计厚度的情况下估算微孔体积和比表面积的方法。因此，α_s 形图的构建不需要单层容量，可以更直接地比较测试等温线和参考等温线。该方法的参考等温线是相对于 p/p_0 的气体吸附量，用固定相对压力下的气体吸附量进行归一化。参考相对压力通常为p/p_0=0.4，归一化$V_{ads}/V_{ads}^{0.4}$值为α_s。因此，对于非孔相关的吸附剂下降的等温线被称作标准α_s曲线。

α_s曲线是通过绘制被测试样品吸附的气体体积与α_s的关系得到的，与绘制t线图的方法相同。从α_s曲线估算微孔体积，和t线图方法一样，涉及外推Y轴，因为α_s方法不能假定吸附层的厚度值。比表面积是通过测试样品对应的斜率对已知表面样品的斜率计算获得。原则上，α_s方法可用于任何的吸附质气体，也可用于 BET 比表面积的检测，以及微孔和中孔的评价。

Kaneko 等介绍了基于高分辨率等温线的高分辨率α_s分析方法。高分辨率方法特别利用了α_s曲线在α_s=0.4 以下的数值，如图 4.11 所示，根据吸附剂的织构和表征特征，可以观察到f。通过对α_s曲线图进行详细分析，可以获得吸附剂中微孔和中孔的更多信息。

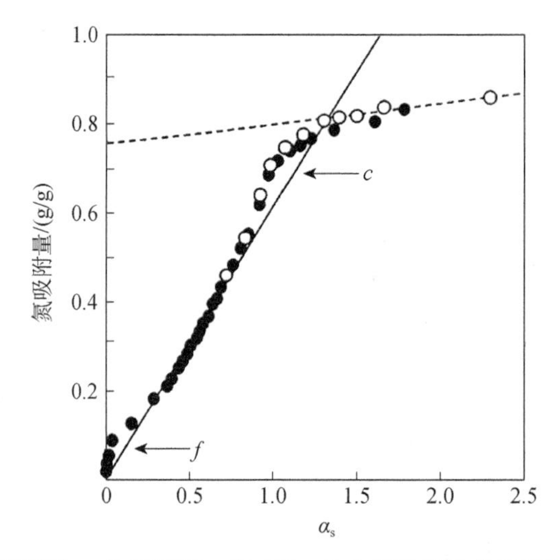

图 4.11　高分辨率的α_s曲线图例；在f和c处曲线的摆动分别归结于填充和压缩

4.6　*t*线图扩展理论的微孔分析方法

Mikhail、Brunauer 和 Bodor 提出了对 de Boer t线图方法的扩展理论，该方法具有几个优点，包括可以从一个实验等温线获得微孔体积、比表面积和孔径分布的能力。微孔分析（MP）方法的数据不需要在非常低的压力下测量。该方法假设不存在 Kaganer 和 Dubinin 理论所要求的位点能量或吸附体积分布函数。此外，当微孔分析完成时，MP 法适用于含大孔、过渡孔（中孔）、自终止微孔的吸附剂。在测量中孔时，用统计厚度 t 作为校正，以便从吸附膜中解吸。然而，在测量微孔时，t 的值更为关键，因为在 MP 法中，t 是孔径的实际测量值。

为了进行准确的微孔分析，必须从与测试样品的 BET C 常数大致相同的 t 对 p/p_0 曲线中提取统计厚度。在许多具有不同 C 值的表面上，t 对 p/p_0 作图的不可适用性无疑是 MP 方程应用的一个问题。由式（4-3）计算 t 可知，微孔试样的比表面积可以准确测量，这也是前面讨论过的问题。

为了说明 MP 方法，考虑图 4.12 中所示的等温线。将吸附质气体体积转化为液体体积，由液体体积 t 式（4-7）计算得到。图 4.12 所示的 V-t 曲线可以用相对压力间隔为 0.05 的数据。在本例中，t 值不是由式（4-7）计算出来的，而是由 de Boer 等在 C 值相似的样本上绘制的 t 对 p/p_0 作图，再通过从 C 值相似但不相同的材料中选取 t 值与 BET 测量面积之差不超过 1.4%直线部分的斜率。

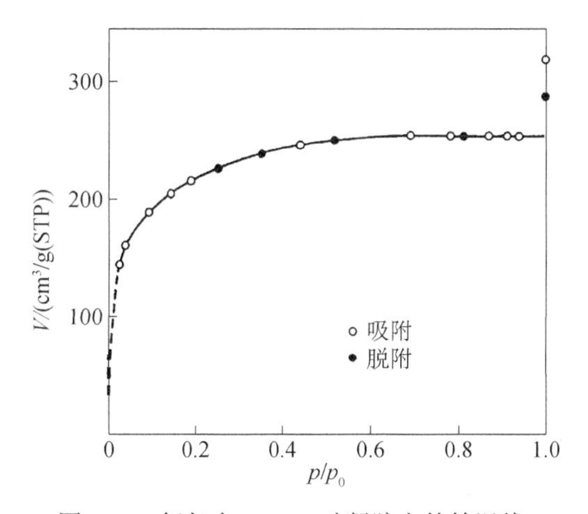

图 4.12　氮气在 77.3 K 硅凝胶上的等温线

原点到前四点的曲线线性部分的斜率是 0.0792，由前述计算得到的微孔比表面积为 792 m^2/g。与 t=4～4.5 Å 的曲线相切的直线的斜率为 0.0520。所有未被吸附的孔隙面积为 520 m^2/g，在 4～4.5 Å 厚度范围内的孔隙比表面积为 792−520=272(m^2/g)。第三条线给出了 t 值在 4.5～5 Å 的斜率为 0.0360，所以这个范围内的孔隙面积为 520−360=160 (m^2/g)。以这种方式继续计算，直到 V-t 图的斜率不再减小，说明所有孔隙都被填满。

可以用简单等价的方法计算孔体积。例如，孔体积可以由下式表示

$$V = 10^{-4}(S_1 - S_2)\frac{t_1 + t_2}{2}(\text{cm}^3/\text{g}) \tag{4-11}$$

因此，孔的第一组的体积为

$$V = 10^{-4}(792 - 520)\frac{4.0 + 4.5}{2} = 0.1156\ (\text{cm}^3/\text{g}) \tag{4-12}$$

图 4.13 中等温线的微孔数据列于表 4.5 中，S_i代表总的比表面积。孔型的准确描述一般是未知的，通常假定为圆柱形的孔。Mikhail、Brunauer 和 Bodor 研究表明方程（4-11）也同样适用于圆柱形和平行板孔体积的计算。研究结果表明，水压半径和圆柱半径的板分离是一样的。

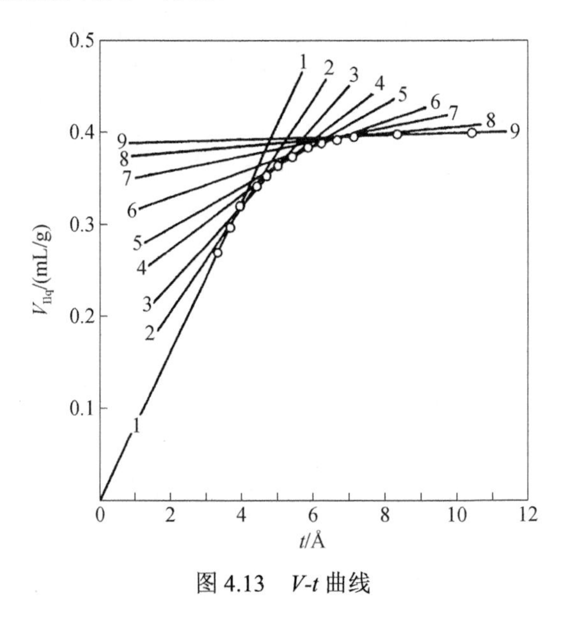

图 4.13　V-t 曲线

4.7　总的微孔体积和比表面积

Brunauer 的 MP 法和 de Boer 的 t 线图法都是基于 BET 测量的比表面积对微孔是有效的假设。Shields 和 Lowell 利用这个假设，提出了一种利用水银孔隙度数据测定微孔比表面积的方法。微孔表面积为 BET 表面积与压汞法所得表面积之差。水银孔隙度测量法只能测量大约 18 Å 的孔隙半径，所以该技术提供了一种计算半径在 3.5 Å（氮气分子的近似直径）到 18 Å 之间的所有孔隙比表面积的方法。类似地，Shields 和 Lowell 提出了一种结合多种技术测定总微孔体积的方法。水银压汞法和氦气比重法测定的样品体积之差为微孔所占体积。

4.8　Dubinin-Radushkevich方法

Dubinin-Radushkevich (DR)理论的基础已经在前述讨论过了。Dubinin 和 Radushkevich 提出了一个基于 Polanyi 势理论的微孔体积方程，该方程可由吸附等温线计算微孔体积：

$$\ln W = \ln(V_0\rho) - \bar{K}\left[\ln\left(\frac{p_0}{p}\right)\right]^2 \tag{4-13}$$

W 和 ρ 分别为吸附重量和液体吸附密度，V_0 为微孔体积。k 定义为

$$k = 2.303K\left(\frac{RT}{\beta}\right)^2 \tag{4-14}$$

其中，β 为所谓的亲和系数，K 为常数，由孔径分布形状决定。将 $\ln W$ 与 $[\ln(p_0/p)]^2$ 作图，得到一条截距为 $\ln(V_0\rho)$的直线，由此可以计算出微孔体积。Nikolayev 和 Dubinin 发现在各种微孔样品上可以得到相对压力从 10^{-5} 到 10^{-1} 的线性图。

Kaganer 对 Dubinin 方法进行了改进，计算了微孔比表面积。他得到了下面的方程：

$$\ln W = \ln W_{\mathrm{m}} - \bar{K}\left[\ln\left(\frac{p_0}{p}\right)\right]^2 \tag{4-15}$$

这里，

$$\bar{K} = 2.303\bar{k}(RT)^2 \tag{4-16}$$

式（4-15）类似于式（4-13），属于 Dubinin 公式。利用 $\ln W$ 与 $[\ln(p_0/p)]^2$ 的关系图将得到一条截距为 $\ln W_{\mathrm{m}}$ 的直线，其比表面积可用前述公式计算。

一些微孔碳在 p/p_0 上给出了线性 DR 图，但是在很多例子中，DR 图的线性范围非常有限。这类图的线性范围通常是在非常低的压力下，$p/p_0<10^{-2}$。对于许多微孔碳，可以找到相对压力范围较大的线性 DR 图，对于许多其他吸附剂（沸石分子筛等尤其明显），相对压力范围非常窄，线性范围有限。当微孔吸附剂在表面化学和结构上具有很大的不均匀性时，DR 方程往往不能对数据进行线性化处理。为了克服原 DR 方程的不足之处，Dubinin 和 Astakhov 提出了一个更为普遍的方程，即 DA 方程：

$$\ln W = \ln(V_0, \rho) - K[\ln(p_0/p)]^n \tag{4-17}$$

K 是经验常数，n 是 Dubinin-Astakhov 参数。对于接近碳质分子筛的微孔结构均匀的吸附剂，其参数 n 通常接近 2，但根据微孔体系的类型（及其异质性），n 可能在 2～5 变化。当 n=2 时，对应于 Dubinin 和 Radushkevich 的经典方程。Stoeckli 等介绍了 DR 方程的另一种推广方程，这也说明了微孔结构的非均质性对吸附等温线的影响。Stoeckli 的方法为 DA 方程提供了一个补充，该方法假设原始 DR 方程只适用于微孔范围较窄的碳。对于微孔聚集不均匀的强活性炭，假设整个实验吸附等温线由不同孔隙群的贡献组成。在一定的假设下，总微孔体积和孔径范围都可以确定。

4.9 Horvath-Kawazoe方法

Horvath 和 Kawazoe 描述了一种从氮气吸附等温线中计算微孔材料有效孔径分布的半经验分析方法，即 Horvath-Kawazoe (HK)方法，是基于裂隙孔隙的一种测试方法（例如，适用于碳分子筛和活性炭）。Saito 和 Foley 对柱状孔隙几何形状 HK 方法进行了扩展，Cheng 和 Yang 也提出了球形孔模型。球形孔模型更适用于分子筛（如八面沸石），而圆柱形孔模型更适用于槽型分子筛（如 ZSM-5）。

HK 方法是基于 Everett 和 Powl 的工作。他们计算了吸附在两个石墨化碳层平面缝隙中的惰性气体原子的势能分布。两层核之间的分离是 l，吸附流体被认为是被平均势场影响的大流体，这也是吸附剂-吸附质相互作用的特点。平均场表示吸附质和吸附剂势能的相互作用，这可能会呈现出比较强的空间依赖性，可以被平均的、一致性的势场所取代。Horvath 和 Kawazoe 发现，通过应用动态理论论据，这个平均势能与吸附自由能的变化有关，产生填充压力和有效孔宽 d_p=l−d_a 的关系，这里 d_a 为吸附分子的直径：

$$\ln\left(\frac{p}{p_0}\right) = \frac{N_A}{RT} \times \frac{N_s A_s + N_a A_a}{\sigma^4 (l - 2d_0)} \times \left[\frac{\sigma^4}{3(l-d_0)^3} - \frac{\sigma^{10}}{9(l-d_0)^9} - \frac{\sigma^4}{3(d_0)^3} + \frac{\sigma^{10}}{9(d_0)^3}\right] \tag{4-18}$$

其中，参数 d_0，σ，A_s 和 A_a 可以由以下公式计算得到

$$d_0 = \frac{d_a + d_s}{2} \tag{4-19}$$

$$\sigma = \left(\frac{2}{5}\right)^{1/6} \cdot d_0 \tag{4-20}$$

$$A_{\mathrm{s}}=\frac{6m_{\mathrm{e}}c^{2}\alpha_{\mathrm{s}}\alpha_{\mathrm{a}}}{\dfrac{\alpha_{\mathrm{s}}}{\chi_{\mathrm{s}}}+\dfrac{\alpha_{\mathrm{a}}}{\chi_{\mathrm{a}}}} \tag{4-21}$$

$$A_{\mathrm{a}}=\frac{3}{2}m_{\mathrm{e}}c^{2}\alpha_{\mathrm{a}}\chi_{\mathrm{a}} \tag{4-22}$$

式中，A_{a}为柯克伍德-米勒吸附质常数；A_{s}为柯克伍德-米勒吸附剂常数；d_0为吸附质和吸附剂的平均距离；d_{a}为吸附分子的直径；N_{a}为吸附质每平方米的原子数；N_{A}为吸附质每平方米的吸附分子数；m_{e}为电子的质量；c 为光速；α_{s}为吸附剂的极化率；α_{a}为吸附质的极化率；σ为两个分子在相互作用能为零时的距离；χ_{s}为吸附剂的磁化率；χ_{a}为吸附质的磁化率。

由式（4-18）可知，给定尺寸和形状的微孔填充是在特征相对压力下进行的。这种特征压力与吸附相互作用能直接相关。

Saito 和 Foley 将 HK 方法推广到 87.27K 沸石中氩吸附等温线有效孔径分布的计算中。他们的方法与 Horvath 和 Kawazoe 的方法一样，都是基于 Everett 和 Powl 势方程，而不是柱状孔隙几何。按照 HK 方法推导的逻辑，Saito 和 Foley 推导出了一个类似的方程，将微孔填充压力与有效孔隙半径联系起来。

表 4.6 给出了不同宽度的裂隙状碳孔隙的氮气填充压力 HK 的预测。表 4.7 给出了孔径 D 与相对压力 p/p_0之间的关系，其中氩气在 87.27 K 的柱状孔径几何形状下，根据 SF（Saito-Foley）方法进行微孔填充。

表 4.6　氮（77 K）孔隙填充压力对裂隙状碳孔隙的影响，基于 Horvath-Kawazoe 理论

D/nm	0.4	0.6	0.8	1.1	1.5
p/p_0	1.47×10^{-7}	1.54×10^{-4}	2.95×10^{-3}	2.22×10^{-2}	7.59×10^{-2}

表 4.7　氩（87.27 K）孔隙填充压力对柱状沸石孔的影响，基于 Satio-Foley 理论

D/nm	0.4	0.6	0.8	1.1	1.5
p/p_0	1.47×10^{-7}	1.54×10^{-4}	2.95×10^{-3}	2.22×10^{-2}	7.59×10^{-2}

需要指出的是，在表 4.6 和表 4.7 中给定的孔隙宽度-相对压力这一对值对计算时选取的磁化率和极化率的值是非常敏感的。

Saito 和 Foley 研究了不同分子筛氧化物离子磁化率值（作为吸附相互作用的可调参数）对圆柱形孔隙模型氩气孔隙填充压力的影响。表 4.6 中给出的值是用与 Y 型分子筛相对应的磁化率值计算出来的（尽管 Y 型分子筛不呈现柱状孔隙几何形状）。

半经验的 HK 法和 SF 法被广泛应用，它们考虑到了固-液在窄孔隙中的吸引力的重要性，这将会提供一个比在微孔分析的经典方法中和大孔分析中更好的填充压力的测量方法（例如，DR 方法）。然而，该方法仍然会导致微孔尺寸分析不准确，主要原因有：①微孔填充机理描述不正确，例如，这被认为是一个连续的过程，但在与 HK 有关的方法中，假设孔隙填充在特定压力下不连续发生；②从统计热力学的观点来看，对于小的有限系统，限制流体表现为体积流体的假设是有问题的；③ 与 HK 有关的方法并没有考虑到孔隙的局部密度会因孔隙壁附近的流体分层而随位置发生强烈变化。振荡密度轮廓特征的疏忽导致孔隙的尺寸比通过密度泛函理论（DFT）精确计算得到的孔隙的尺寸小。适当的修正的 HK 方法最近被 Lastoskie 等提出，在 77 K 附近，将修正的 HK 方法应用于氩气在碳狭缝孔的吸附，导致孔隙填充矫正（例如，孔填充压力相对孔尺寸的曲线），这与 DFT 的准确处理的结果吻合较好。

需要注意的是 HK 和 SF 方法不适用于中孔尺寸的分析。相比之下，DFT 和计算机模拟方法（蒙特卡罗和分子动力学）等统计力学方法提供了更真实的微孔填充图像，可用于微孔和中孔尺寸的分析。这将在后续内容中讨论。

4.10 NLDFT 的应用：将微/中孔分析与单一方法相结合

如前所述，宏观的热力学方法，如 DR 方法和半经验的处理，以及 Horvath 和 Kawazoe 微孔分析或 Saito 和 Foley 都没有对微孔填充进行描述。与非局域密度泛函理论（non-local density-functional theory，NLDFT）或分子模拟方法（巨正则蒙特卡罗（GCMC）、分子动力学（MD）方法）相比，DR 方法低估了给定孔隙填充压力下的孔隙大小。这种情况如图 4.14 所示。其中，与 DFT 方法的预测和蒙特卡罗模拟相比，Saito-Foley 方法显著地低估了（氧化物壁的）圆柱形孔隙中氮气填充压力下的孔隙大小。

前面已经描述了 DFT 方法的理论基础，包括利用线性常系数齐次方程计算基于 DFT 的孔径分布的信息。我们还进行了准确的孔尺寸分析，涵盖微孔和中孔的范围，认为只有应用基于统计力学的微观方法才是有可能的，例如利用 NLDFT，才能对整个微孔和中孔尺寸范围进行准确的孔径分析。微孔和中孔分子筛（如沸石分子筛等）的孔尺寸分析数据与从独立方法（基于 X 射线衍射（XRD）

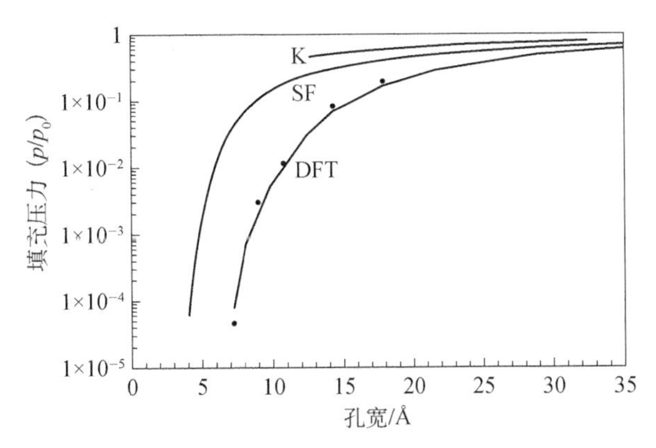

图 4.14　由 Saito-Foley 方程（SF）、Kelvin 方程（K）、DFT 和吉布斯组合蒙特卡罗模拟法（点）预测的 77 K 时圆柱形氧化物孔隙氮气填充压力

或透射电子显微镜（TEM））中获得的结果非常吻合。

因此，微观方法的应用导致：①更多的孔径分析变得更加准确；②原则上可以在整个微/中孔尺寸范围内进行孔径分析。如图 4.15 和图 4.16 所示，这里采用 NLDFT 法计算了以氩气吸附为基础的 MCM-41 和 ZSM-5 分子在 87.27 K 时的孔径分布曲线。

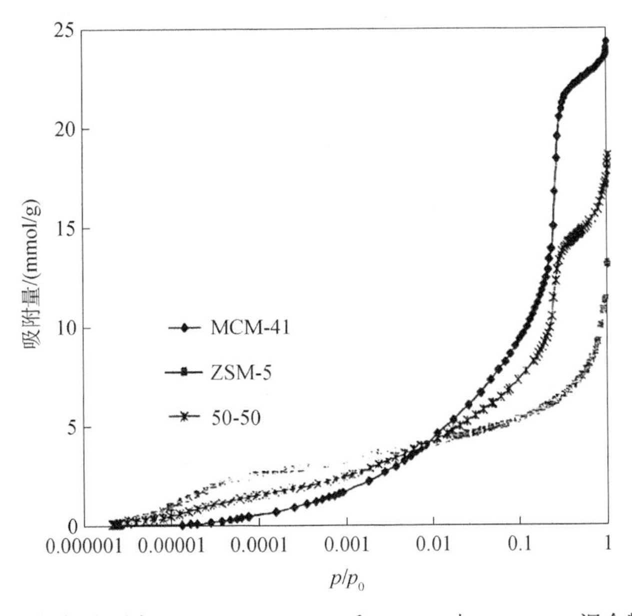

图 4.15　氩气分别在 ZSM-5、MCM-41 和 ZSM-5 与 MCM-41 混合物上的吸附等温线，87.27 K

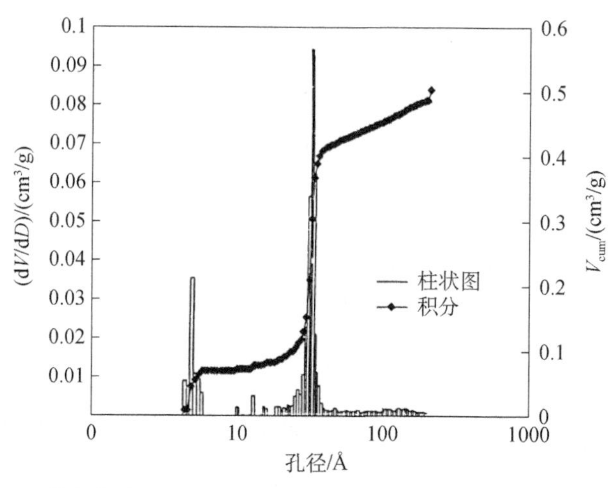

图 4.16　从氩气在 ZSM-5 和 MCM-41 混合物上的吸附等温线得到的密度泛函理论孔径分布曲线

图 4.15 为 ZSM-5 分子筛（柱状孔径几何形状）、MCM-41（一种介孔材料，由独立的柱状孔径组成）以及 ZSM-5 和 MCM-41 混合物（类似于微/介孔复合材料）在 87.27 K 时的氩气吸附等温线。图 4.16 为实验等温线与理论 DFT 等温线对比，两者符合得非常好。“复合”材料的 NLDFT 孔径分布（也见图 4.16）显示了两组不同的孔隙与 ZSM-5 孔径相同的微孔和与 MCM-41 孔径相同的中孔。值得注意的是，从结构上考虑得到的 ZSM-5 沸石的平均孔径为 51～55 Å，这与 NLDFT 法吸附氩气得到的孔径分布非常吻合。采用独立方法（XRD）得到的介孔 MCM-41 的孔径为 3.2 nm，与 NLDFT 法得到的结果非常吻合。

同时，NLDFT 和 GCMC 方法适用于各种吸附质/吸附剂系统，已开发并商业化。这里需要注意的是，只有在给定的实验吸附质/吸附剂系统与 NLDFT 兼容的情况下，这些先进方法才是有用的（从而得到准确的结果）。现在可用的 NLDFT 和 GCMC 分析方法有一个显著的不足之处，那就是它们都没有充分考虑孔壁的化学和几何异质性，即通常假定孔壁模型是无结构的（化学和几何光滑），导致理论等温线由于分层过渡而出现小的台阶，这在化学和几何非均质表面吸附剂的实验吸附等温线中是无法观察到的。然而，尽管存在这些不足，基于 NLDFT 和 GCMC 的孔径分析方法也得到了广泛的应用，被认为是最准确的微孔和中孔孔径分析方法。

4.11　氮气吸附质之外的超、极微孔孔隙度测量

微孔材料（如活性炭、沸石等）的超、极微孔分析主要是在 77 K 下进行氮气吸附测试，但是采用氮吸附法往往在微孔孔隙度的数量评估上令人不满意，特别是在超细孔隙范围内（孔隙宽度<0.7 nm），孔宽为 0.7 nm 对应于 N_2 分子的双层厚度。另外，预吸附 N_2 分子靠近极微孔入口处，这样可能阻碍进一步吸附。这样的孔隙填充在相对压力为 10^{-7} 到 10^{-5} 时会出现细孔，其中扩散速率和吸附平衡速率非常慢。这导致测量耗时较长，并可能导致测量的不平衡，这样吸附等温线将给出错误的分析结果。

对于许多微孔系统（特别是沸石），在其沸点（87.27 K）使用氩气作为吸附质似乎是有帮助的。在大多数情况下，与氮相比，氩气在高得多的相对压力下（相对压力至少高出数十倍）填充 0.4～0.8 nm 的微孔，这导致了加速融合和平衡过程，因此也减少了分析时间。

氩气在 87.27 K 吸附和氮气在 77 K 吸附不同孔隙填充范围的结果如图 4.17 所示，这是基于八面型沸石的吸附数据得到的。与氩气相比，氮气的孔隙填充压力要小得多，目前对这一现象尚不完全清楚，但它清楚地表明了氮气分子与氩气之间的相互吸引作用。沸石的孔壁比氩的孔壁要坚固得多，这种吸附势的增强与特定的四极相互作用有关的可能性正在讨论中。

然而，一些沸石的微孔太小而不能以氮气和氩气在低温下的吸附为特征。这里，所谓的分子探针法提供了一种直接测定有效孔径的可能方法。该方法是基于对一系列分子直径逐渐增大的吸附体的吸附速率和吸附能力的测量。当分子不能再进入微孔时，会有一个很尖锐的吸附截止，可以得到有效孔径的良好估计值。

研究超微孔隙度的问题尤为突出，对于微孔碳，它通常表现出广泛的孔径分布，包括超微孔。人们早就认识到在 273.15 K 时使用 CO_2 吸附分析可以解决这类问题。在 273.15 K，由于饱和压力非常高（26200 Torr），因此在临界温度下 CO_2 温度仍然约是 32 K。微孔分析所得压力测量在中等绝对压力范围（1～760 Torr）。因此，相对于氮气和氩气在低温下的吸附，绝对温度和绝对压力相对较高，可以解决扩散问题。由于扩散速率较高，会更快达到吸附平衡，这使得完成吸附等温线的时间明显短于氮气在 77 K 完成吸附等温线的时间。此外，对于 CO_2 分子分

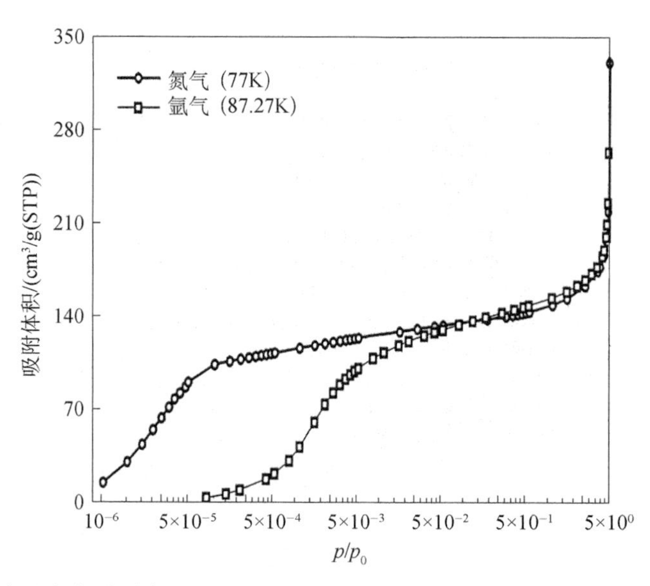

图 4.17　氮气和氩气分别在 77 K 和 87.27 K 温度下，在 faujasite 型沸石上的吸附曲线

析的范围可以扩大到更小的孔径，但不包括氮气和氩气。然而，如果使用传统的体积吸附分析仪进行分析，压力可达约 1 atm（1 atm = 1.01325×10^5 Pa），可测量的孔径范围限制在 1.5 nm 以内。利用 DFT 或蒙特卡罗模拟等分子模型，可以对这种条件下测得的 CO_2 吸附等温线进行分析，从而获得碳微孔结构的详细信息。

Gregg 和 Langford 建议利用正壬烷（即“壬烷预吸附法”）来评估微孔空隙率。该方法常用于微孔碳。目的是用壬烷填充所有的微孔，同时打开更大的孔。由于具有较高的物理吸附能，预吸附的壬烷只能在高温下去除。对壬烷预吸附的可能步骤如下：对样品进行脱气，得到第一氮气吸附等温线，然后将样品暴露在壬烷蒸气中，在室温下再次放气，再重新测定氮气吸附等温线。微孔碳在以下步骤中，在越来越高的温度下放出气体。在脱气的每个阶段之后，测量氮气吸附等温线，直到完全去除壬烷。异壬烷吸附前后孔隙体积和比表面积的差异之所以变窄（小）是因为预吸附壬烷完全堵塞了微孔。然而，从壬烷预吸附得到的结论并不总是正确的。(对于完全微孔的评价，主要是由于孔隙大小对吸附势的依赖性，即非烷分子比极细孔更牢固地滞留在超微孔中。）另一个问题是壬烷吸附在较窄的孔隙中，导致较宽孔隙被堵塞。当吸附剂由孔隙尺寸大小的网络组成时，这个问题尤其重要。

Kaneko 等认为氦是一种良好的探针分子，因为氦是最小的惰性分子，可能穿透微孔的窄颈内部。在此背景下，Kaneko 等采用重量法测定了 4.2 K 下的活性炭纤维吸附等温线。吸附等温线为典型 Ⅰ 型，根据 Dubinin-Radushkevich 方法在 77 K 条件下得到的微孔体积比 N_2 吸附得到的大 20%～50%。过量的氦气吸附被认为是由于超微孔的存在，这是 N_2 分子无法评估的。有几个理由可以解释 He 与 N_2 吸附得到的微孔体积差异较大。第一个是 He 分子比 N_2 小，可以进入比 N_2 窄的微孔；第二个与填料效率有关，小分子能更有效地填充受限的微孔空间。氦气在 4.2 K 时的吸附质被认为是评价超微孔率的合适吸附质。

第 5 章　非孔固体表面的吸附：II 型等温线

5.1　引　言

非孔固体上气体的物理吸附，在绝大多数情况下得到的是 II 型等温线。原则上讲，某种给定气体在一特定固体上吸附，就有可能由所得到的 II 型等温线求出该固体的单层容量值，后者则可用来计算该固体的比表面积。定义单层容量为单位质量（1 g）固体表面上，完全以一单分子层填满时所需吸附质的量，它与比表面积（1 g 固体具有的表面积）A 可用一简单公式关联：

$$A = n_{\mathrm{m}} a_{\mathrm{m}} L \tag{5-1}$$

式中，a_{m} 表示在完全单层吸附的情况下每个吸附质分子所占据的平均面积；L 为阿伏伽德罗常量；n_{m} 表示每克吸附剂所吸附的吸附质的摩尔数。若用其他单位表示吸附量，则采用适当的换算因子。当吸附量用克表示，吸附分子所占据的面积 a_{m} 用 nm^2 表示时，该关系式可写成

$$A = \frac{\chi_{\mathrm{m}}}{M} a_{\mathrm{m}} L \times 10^{-20} \tag{5-2}$$

式中，M 为吸附质分子量；χ_{m} 为每克固体吸附质的单层容量，g；A 为比表面积，m^2/g 或 m^2/g。

如果单层容量表示为吸附质气体的体积 V_{m}（换算到标准状态），则比表面积可由下式计算：

$$A = \frac{V_{\mathrm{m}}}{22.4} a_{\mathrm{m}} L \times 10^{-12} \tag{5-3}$$

要从等温线得出单层容量，需要对 II 型等温线进行定量的解释。为此，虽已提出了不少理论，但是没有一种理论是完全成功的，其中最著名的，或许也是有关比表面积测定的关系中最为有用的，是 Brunauer、Emmett、Teller 提出的多分子层吸附理论。尽管该理论是建立在一个显然过于简单而且易受到各种理由批评的模型之上，但是从 II 型等温线求比表面积的值时，采用由该理论所导出的 BET 方程还是非常成功的。

5.2　BET 模型

BET 处理是以六十多年前 Langmuir 提出的吸附过程动力学模型为基础的。在该模型中，把固体表面看成是吸附中心的配置，吸附质气体和吸附剂处于动态平衡，即气相中的分子到达并且凝聚于固体表面裸露部位的速率等于分子从已占领部位重新蒸发的速率。

假设被占领部位的百分数为 θ_1，裸露部位的分数为 θ_0（于是有 $\theta_1+\theta_0=1$），则单位表面积上的凝聚速率为 $\alpha_1 kp\theta_0$，其中 p 为压力，k 为气体动力学理论给出的气体常数：

$$k = \frac{1}{2}L/(MRT)^{1/2} \tag{5-4}$$

α_1 为凝聚系数，即碰撞到表面上的气体分子中有效凝聚于该表面上的百分数。显然，吸附分子从表面上再蒸发是一个活化过程，其活化能应当等于等容吸附热 q_1，因为单位表面积上的蒸发速率等于

$$z_{\mathrm{m}}\theta_1\nu_1\mathrm{e}^{-q_1/RT} \tag{5-5}$$

式中，z_{m} 为单位面积上的吸附中心数（因此 $z_{\mathrm{m}}\theta_1$ 相应于吸附的分子个数），ν_1 是垂直于表面的分子的振动频率，于是平衡状态时有

$$\alpha_1 kp\theta_0 = z_{\mathrm{m}}\theta_1\nu_1\mathrm{e}^{-q_1/RT} \tag{5-6}$$

由于 $\theta_0=1-\theta_1$，所以，

$$\theta_1 = \frac{\alpha_1 kp}{\alpha_1 kp + z_{\mathrm{m}}\nu_1\mathrm{e}^{-q_1/RT}} \tag{5-7}$$

如若用 n（单位为 mol）代表 1 g 吸附剂上的吸附量，n_{m} 表示单层容量，则 $\theta_1 = n/n_{\mathrm{m}}$，将其代入式（5-7）后可得

$$\frac{n}{n_{\mathrm{m}}} = \frac{BP}{1+BP} \tag{5-8}$$

式中，

$$B = \frac{\alpha_1 k}{z_{\mathrm{m}}\nu_1}\mathrm{e}^{q_1/RT} \tag{5-9}$$

式（5-8）就是人们所熟悉的吸附仅局限于单层情况下的 Langmuir 方程。实际上，

B 是一个经验常数，不可能从式（5-9）的关系中算得。至于 Langmuir 方程如何重现实验所得的等温线问题，将在后续中讨论。

Langmuir 认为，有可能将蒸发-凝聚机理应用于第二层和较高分子层。但是他所推导的适用于等温线的公式，由于复杂而未被人们采用。采用 Langmuir 机理并借助一些简单的假定，Brunauer、Emmett 和 Teller 于 1938 年提出了广为人知的多层吸附方程，并且普遍地被人们所采用。当延伸到第二层时，Langmuir 机理要求来自气相的分子凝聚在已吸附的第一层分子上面的速率与第二层的蒸发速率相等，即

$$\alpha_2 kp\theta_1 = z_{\rm m}\theta_2 \nu_2 {\rm e}^{-q_2/RT} \tag{5-10}$$

对第 i 层来说，有

$$\alpha_i kp\theta_{i-1} = z_{\rm m}\theta_i \nu_i {\rm e}^{-q_i/RT} \tag{5-11}$$

该模型意味着，在低于饱和蒸气压的任何压力下，由 1，2，…，i 个吸附分子所覆盖的表面积的分数分别为 θ_1，θ_2，…，θ_i。因此，在整个过程中，吸附层的厚度都不是常数。所以，对比表面积 A 来说，总的吸附分子数目 z 应为

$$z = Az_{\rm m}(\theta_1 + 2\theta_2 + \cdots + i\theta_i) \tag{5-12}$$

以摩尔数表示的吸附量则由下式得出

$$n = \frac{Az_{\rm m}}{L}\sum_1^i (i\theta_i) \tag{5-13}$$

实际上每个吸附层都有它自己的 d、q 和 ν 值，除非简化其假定，否则方程（5-13）的累加不成立。于是，Brunauer、Emmett 和 Teller 提出了这样三条假定：①除第一层外，所有各层的吸附热都等于其体积摩尔凝聚热 $q_{\rm L}$；②除第一层外，所有各层中的蒸发-凝聚情况都相同，即

$$\nu_2 = \nu_3 = \cdots = \nu_i;\ \alpha_2 = \alpha_3 = \cdots = \alpha_i \tag{5-14}$$

③当 p=p_0 时，吸附质在固体表面上凝聚为体相液体，即吸附层数变为无穷大（p_0 为饱和蒸气压）。进行这种累加是冗长而乏味的，这里不再重复这些步骤。导出的比较简单的方程为

$$\frac{n}{n_{\rm m}} = \frac{c(p/p_0)}{(1-p/p_0)[1+(c-1)p/p_0]} \tag{5-15}$$

通常将其称为 BET 方程。为了便于作图，上式可改写成

$$\frac{p/p_0}{n(1-p/p_0)}=\frac{1}{n_\mathrm{m}c}+\frac{c-1}{n_\mathrm{m}c}\frac{p}{p_0} \tag{5-16}$$

或者写成

$$\frac{p}{n(p_0-p)}=\frac{1}{n_\mathrm{m}c}+\frac{c-1}{n_\mathrm{m}c}\frac{p}{p_0} \tag{5-17}$$

严格地说，参数量 c 应由下式得出

$$c=\frac{\alpha_1 v_1}{\alpha_2 v_2}\mathrm{e}^{(q_1-q_\mathrm{L})/RT} \tag{5-18}$$

但是，在实际中几乎总是采用

$$c=\mathrm{e}^{(q_1-q_\mathrm{L})/RT} \tag{5-19}$$

这里 q_1-q_L 是净吸附热。方程（5-19）中的 q_1-q_L 是一因变量。当选用方程（5-19）形式时，就有

$$q_1-q_\mathrm{L}=RT\ln c \tag{5-20}$$

应当强调指出方程（5-19）和方程（5-20）的近似性。一般说来，不只是第一层的吸附热 q_1 随覆盖度而变化，而且从实验数据分析和理论方面来考虑，在将方程（5-18）简化为方程（5-19）时，因子 $\alpha_1 v_1/\alpha_2 v_2$（假设=$m$）与假定的 m=1 会有较大的差异，m 值的可能变动范围为 0.02～20（Kemball 和 Schreiner 提出的 m 值，其变动范围甚至为从 10^{-5}～10）。

即使在饱和蒸气压下，吸附分子的层数也受到限制（例如窄孔吸附情况），如设分子层数为某一数值 N，则将式（5-13）累加到 N 而不是无穷数时，可以导出 BET 方程的改进式：

$$\frac{n}{n_\mathrm{m}}=\frac{c(p/p_0)}{1-p/p_0}\frac{1-(N+1)(p/p_0)^N+N(p/p_0)^{N+1}}{1+(c-1)(p/p_0)-c(p/p_0)^{N+1}} \tag{5-21}$$

当 N=1 时，式（5-21）还原为 Langmuir 方程。

推导 BET 方程的一种办法是统计力学法，该方法明确地假定吸附是定域的。吸附表面是一吸附中心的配置，而且各个吸附中心都具有等同性。由于吸附是多层的，因此每个吸附中心都可看成是从表面上延伸起来的一个吸附堆垒的基础，每个这样的吸附堆垒都是一个独立的系统，换言之，每个吸附中心是否会被吸附质分子所占据，与相邻的其他吸附中心已被占据与否无关。这与 BET 模型中忽略横向间的相互作用相同。进而假定，只有在下边各层都被占据以后才能占据第

i层，这与 BET 模型中规定只有在第 $i-1$ 层分子的上面，才可能有分子凝聚形成第 i 层是一致的。

最后，假定在第一层以上所有各层中的分子，都具有相同的配分函数 q_i；当 $i>1$ 时，就如在大块液体中那样，有 $q_i=q_{液}$成立。显然这一点也与 BET 模型中关于较高吸附层中的分子具有类液体特性的假定相符合。随后，采用标准的统计力学方法处理并用 $q_i/q_{液}$进行简单的代换，即可得到式（5-15），即 BET 方程。于是参数 c 的含义与 BET 理论中显著不同，实质上同时包含有能量和热力学函数熵的概念。

5.3 BET 方程的数学特征

如果 n/n_m 对 p/p_0 作图，只要 c 值超过 2，则方程（5-15）给出的曲线具有II型等温线形状。从图 5.1 可以看出，曲线拐点的形状与 c 值的大小有关，c 值增大，拐点的形状变陡。值得注意的是 BET 方程等于两个直角形双曲线上支之间的差，如将 BET 方程（5-15）等号右边分解因式则可得到

$$\frac{n}{n_m}=\frac{1}{1-p/p_0}-\frac{1}{1+(c-1)p/p_0} \tag{5-22}$$

因此，所得的 n/n_m - p/p_0 曲线是方程

$$\frac{n}{n_m}=\frac{1}{1-p/p_0} \tag{5-23}$$

和方程

$$\frac{n}{n_m}=\frac{1}{1+(c-1)p/p_0} \tag{5-24}$$

所代表的两条双曲线之间的差。方程（5-23）在 $n/n_m=0$ 及 $p/p_0=1$ 有渐近线，并且在 $n/n_m=1$ 时，渐近线与 n/n_m 轴相交。方程（5-24）在 $n/n_m=0$ 及 $p/p_0=-1(c-1)$ 时有渐近线，同样在 $n/n_m=1$ 时与 n/n_m 轴相交。这些曲线如图 5.2 所示，曲线（C）表示它们之间的差值。

当 c 值小于 2 但仍然是正值时，BET 方程的结果是具有III型等温线一般形状的曲线（参见图 5.1 曲线（A）和图 5.3）。

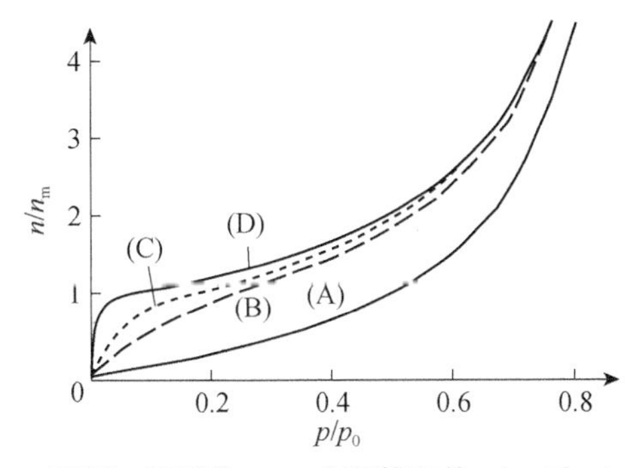

图 5.1 不同 c 值时按 BET 方程算出的 n/n_m 对 p/p_0 曲线

（A）c=1；（B）c=11；（C）c=100；（D）c=10000

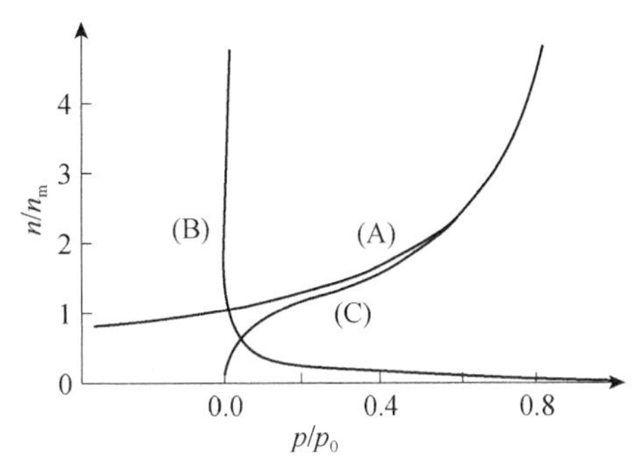

图 5.2 BET 方程图

（A）方程 $n/n_m=1/(1-p/p_0)$；（B）c=30 时方程 $n/n_m=1/[1+(c-1)p/p_0]$；（C）c=30 时方程 $n/n_m=1/(1-p/p_0)-1/[1+(c-1)p/p_0]$

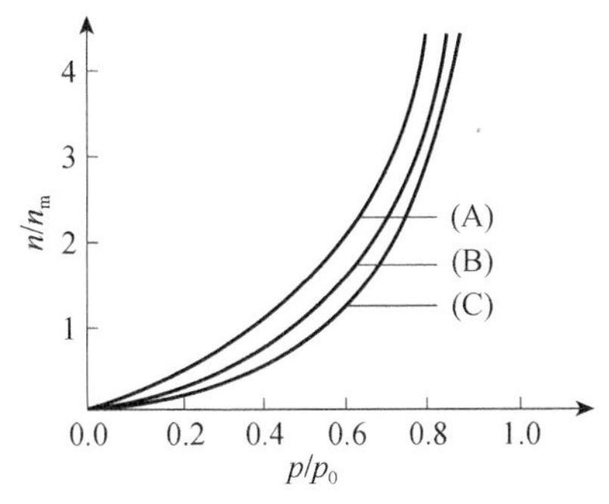

图 5.3 不同 c 值时按 BET 方程（5-15）算出的等温线

（A）c=2；（B）c=1；（C）c=0.5

5.3.1 拐点

从图 5.1 可以看出，当 c 值大于 2 时，由 BET 方程得出一条有拐点的等温线，该点靠近吸附量等于 BET 单层容量的点，但二者并不一致。这两点之间有一些联系并且可以用简单的数学方法给予解释。

借助方程（5-15），并且为了方便起见，令 $n/n_{\mathrm{m}}=X$，$p/p_0=Y$，对它们进行二次微分得到 $\mathrm{d}^2X/4Y^2$，再令其等于零，对 Y 求解，给出在此拐点上 p/p_0 值的 Y_{F}。

$$Y_{\mathrm{F}}=(p/p_0)_{\mathrm{F}}=\frac{(c-1)^{2/3}-1}{(c-1)+(c-1)^{2/3}} \tag{5-25}$$

将此值代入方程（5-15），可得在此拐点上 X 的 X_{F} 值

$$X_{\mathrm{F}}=(n/n_{\mathrm{m}})_{\mathrm{F}}=\frac{1}{c}\left[(c-1)^{1/3}+1\right]\left[(c-1)^{2/3}-1\right] \tag{5-26}$$

用这种办法对不同 c 值算出的拐点位置见图 5.4。显然，在拐点上的 n/n_{m} 值可能明显地偏离整数 1。在 c=9 的拐点上，n/n_{m} 值实际上等于 1，但对于 c 值在 9 和无穷大之间的拐点来说，可能超过 BET 单层容量达 15%之多。对于 c 值小于 9 的拐点来说，这两个量之间的差值越来越大，直至 c=2 时拐点消失；当 c 值小于 2，等温线量呈Ⅲ型，这时再讨论拐点已无意义。

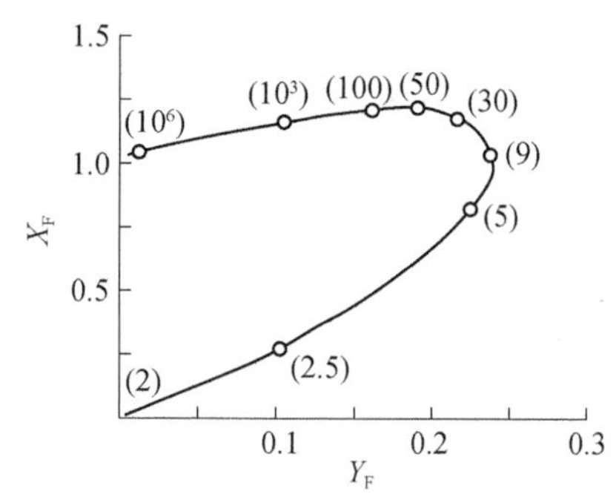

图 5.4　不同 c 值时按 BET 方程得出的 X_{F} 对 Y_{F} 的曲线

X_{F} 为等温线中拐点上的 n/n_{m} 值；括号中的数字表示每个点所代表的 c 值

5.3.2　对 BET 型的评价

BET 模型从一开始就受到了一些批评。BET 模型假定表面上所有吸附中心的能量都完全相同。但是，在前述中已经指出，这种均匀表面非常例外，绝大多数表面的能量并不均匀。例如，以吸附热为吸附量函数的实验曲线表明，必须充分重视固体表面的不均匀性。实际上，Brunauer、Emmett 和 Teller 正是以这种不均匀为理由解释了低压区 BET 方程对实验数据的偏离。

第二个批评是该模型仅注意到吸附剂与吸附分子间的“纵向相互作用”，而忽略了同一吸附层中吸附质分子与其周围相邻分子间的“横向相互作用”。然而，

从相互作用力的性质来考虑，当一个吸附层接近于铺满并因此使得分子间的平均间隔相对小于分子本身尺寸时，绝不可以忽略吸附质分子间的相互作用。

再一个引起争论的问题，是在第一层以后的各吸附层中，分子达到什么程度才可视为吸附处于完全平衡。由前述可知，随着吸附质分子与表面距离增大，相互间作用力必然明显减弱，实际上这就是 Halsey 处理多层区等温线的理论基础。

此外还需指出，如果不是采用创新的 BET 处理，即便应用统计力学的逼近法也不能消除上述各种限制。

5.4　BET 方程应用于实验数据

处理实验数据最方便的 BET 方程常常取如下形式：

$$\frac{p/p_0}{n(1-p/p_0)}=\frac{1}{n_{\mathrm{m}}c}+\frac{c-1}{n_{\mathrm{m}}c}(p/p_0) \tag{5-27}$$

将（p/p_0）/[$n(1-p/p_0)$]（若较为方便，也可用 $p/[n(p_0-p)]$）对 p/p_0 作图，可得一条直线，其斜率 $s=(c-1)/n_{\mathrm{m}}c$，截距 $i=1/n_{\mathrm{m}}c$。解下列两联立方程，可以求得 n_{m} 和 c：

$$n_{\mathrm{m}}=\frac{1}{s+i} \tag{5-28}$$

$$c=\frac{s}{i}+1 \tag{5-29}$$

图 5.5～图 5.7 是一些 BET 图的典型例子。图 5.5 取自 Brunauer、Emmett 和 Teller 早期文献，是在 70 K 时各种催化剂上的氮吸附的 BET 图。这些图在相对压力为 0.05～0.35 的范围内都是直线。用外推法，它们都通过靠近原点的地方（这是氮在氧化物及水合氧化物上吸附的一个典型特征）。这种情况象征着有一个比较大的 c 值，它和吸附等温线中出现明显的拐点有关。

图 5.6 中的等温线和 BET 图展示了 c 值较小的情形，等温线的拐点已小到很不明显，$p/[n(p_0-p)]$ 轴上的截距较大，然而 BET 图的线性区仍和前面所述相近。

与一个时期所假定的情况相反，BET 方程的有效区总是不超过相对压力为 0.05～0.30 的范围。图 5.7 是纯氯化钠上的氮吸附图，其 BET 图直线部分所包括的相对压力范围为 0.01 到 0.1。从 BET 图可计算得出吸附量达到 n_{m} 值的点处于

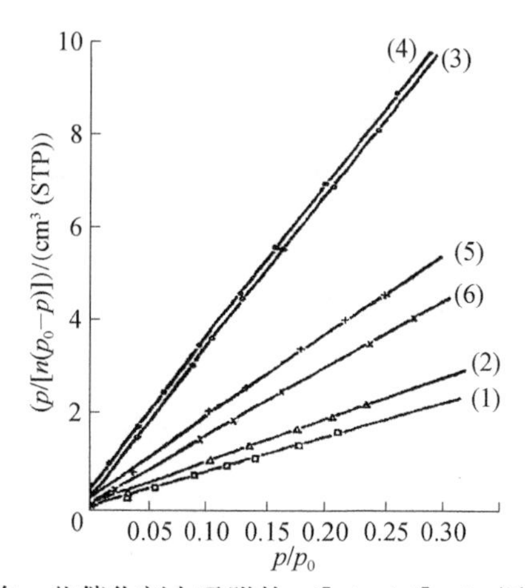

图 5.5 在 77 K 时，氮在一些催化剂上吸附的 $p/[n(p_0/p)]$-p/p_0 图[n 的单位为 $cm^3(STP)$]

（1）无助剂的 Fe 催化剂；（2）以 Al_2O_3 为助剂的 Fe 催化剂；（3）以 Al_2O_3 和 K_2O 为助剂的 Fe 催化剂；（4）熔融的 Fe 催化剂；（5）氧化铬凝胶；（6）硅胶

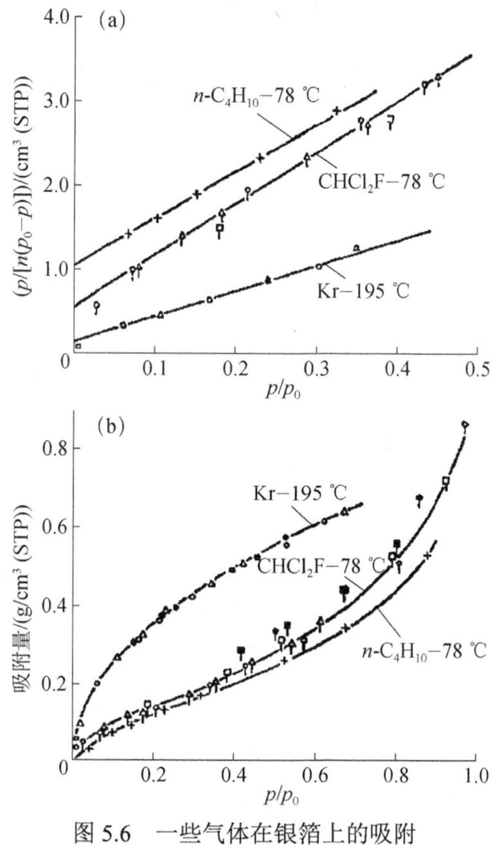

图 5.6 一些气体在银箔上的吸附

（a）BET 图；（b）吸附等温线（实心符号代表脱附点）

相对压力约为 0.05 处。Dubinin 在未石墨化炭黑上得到相对压力范围为 0.005～0.15 的氮吸附 BET 线性图，当 80%的空白表面被预吸附的甲烷覆盖时，BET 图线性范围变为 0.01～0.20。有相当多的例子（不只是氮吸附），在相对压力低于约 0.2 时开始偏离线性关系（见表 5.1）。BET 图全是非直线的情况也有报道，0 ℃时环己烷在氧化铝上的吸附行为就是其中的一例。

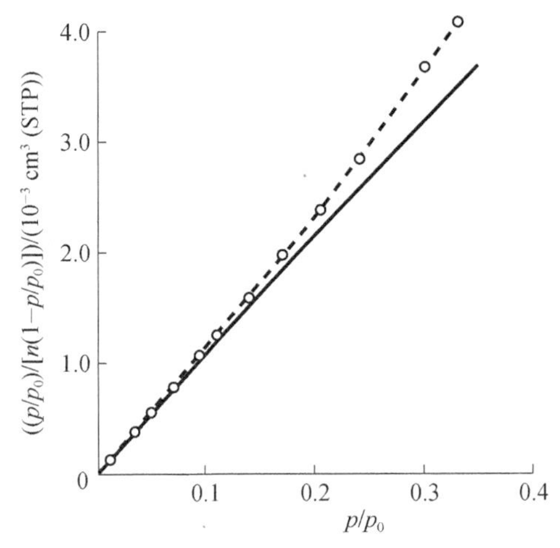

图 5.7　77 K 时，氮吸附在氯化钠上的$(p/p_0)/[n(1-p/p_0)]$-p/p_0 的 BET 图，n 为吸附量，单位为 cm^3(STP)

表 5.1　金红石上的吸附

蒸气	温度/K	$v_B/(cm^3(STP))$	p/p_0 (B 点)	$v_m/(cm^3(STP))$	BET 图的直线区(p/p_0)
氦	75	760±20	0.043	780	0.024～0.10
				840	0.10～0.29
氮	85	715±10	0.035	720	0.015～0.06
				801	0.07～0.28
氧	85	745±20	0.070	745	0.02～0.08
				786	0.05～0.30
氩	85	720±10	0.088	740	0.03～0.08
				763	0.08～0.30

BET 方程用于等温线多层区重复实验数据的不成功程度可见图 5.8，由许多非孔的氧化硅和氧化铝上的氮吸附实验结果化为 n/n_m 形式作图。从中可见，尽管各样品的比表面积和晶体结构不同，但所得实验点都聚集于一条公共曲线（A）的周围，当 p/p_0 超过 0.3 时，曲线（A）严重偏离按照方程（5-18）并依据 c 值 100

或 200 计算的 BET 理论等温线（B）。一般来说，c 值在 100～200 范围的理论等温线差别很小，难以辨识；若取 c 值低于 100 或高于 200，则曲线（A）和曲线（B）之间的离散甚大。

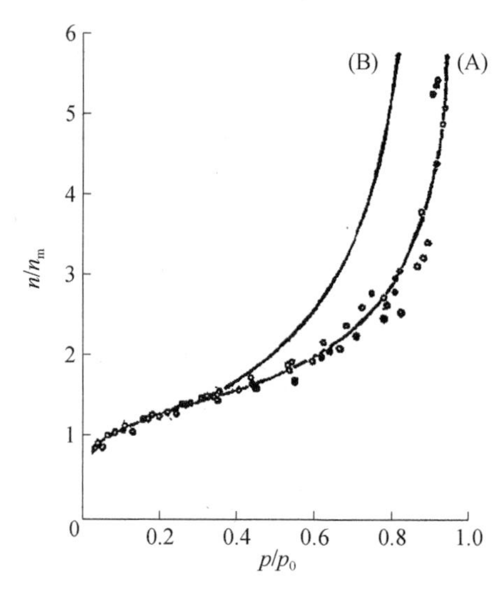

图 5.8 77 K 时非孔氧化硅（2.6～11.5 m^2/g）和氧化铝（55～153 m^2/g）上氮吸附的 n/n_m-p/p_0 图（A）与 c 值在 100～200 的 BET 等温线（B），空心圆圈表示氧化硅，实心圆圈表示氧化铝

为了使 BET 方程在多层区也可与实验数据较好得相符，许多作者对 BET 方程的修正做出了贡献，Brunauer 及其同事提出的修正式是

$$\frac{k(p/p_0)}{n[1-k(p/p_0)]}=\frac{1}{n_m c}+\frac{c-1}{n_m c}k(p/p_0) \tag{5-30}$$

此修正式的理论基础是，假定在饱和蒸气压下，即便是在一个开阔的表面上，吸附分子层数也是有限的(约 5 层或 6 层)，仅当在某一超过 p_0 的假想压力下，n/n_m 才趋于无限。他们在该修正式中引入了一个小于 1 的系数 k，发现当 k=0.79 时，方程（5-30）在相对压力高达约 0.8 的多层区内，能够相当合理地再现 Shull 的实验复合等温线。实际上方程(5-30)的形式与若干年前 Anderson 提出的方程相似，只不过 Anderson 是以另一种不同的模型为基础罢了。

5.5 B 点

实验得到的 II 型等温线，通常呈现出一段相当长的直线部分(图 5.9 中的 BC

段）。这种等温线与 BET 方程的性质不严格一致，如我们所看到的，其特点是产生了一个弯曲点。Emmett 和 Brunauer 将直线部分起始的这个点定义为“B 点”，并且用 B 点来指示单层吸附的完成。因此，B 点的吸附量就等于其单层容量。Emmett 和 Brunauer 曾在一篇早期文献中建议，可用 A 点（即将直线分支外推至切割吸附轴的点）代表单层容量，但是经过对Ⅱ型等温线上的各种特征点仔细研究之后，舍弃了 A 点而选取了 B 点。他们发现多种体系的 n_B 与 BET 方程计算的 n_m 值吻合良好，进而支持了对 B 点的选择；然而，后来的一些实验表明，这两个量值间也常常出现颇大的偏离。

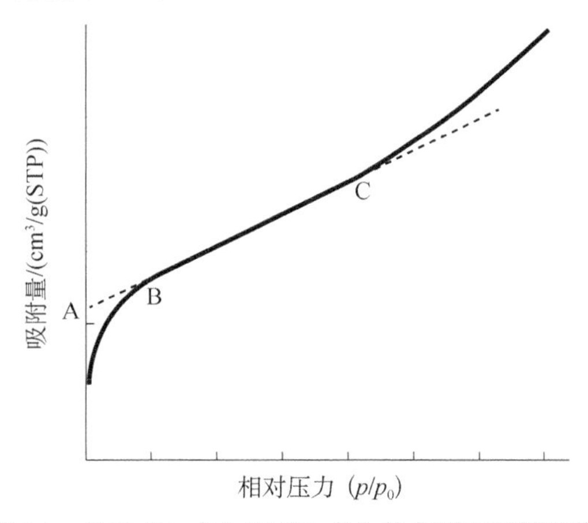

图 5.9 显示“A 点”和“B 点”的典型Ⅱ型等温线

因此，Yong 和 Crowell 在对 77 K 时 68 种不同固体上的氮吸附结果进行总结之后，提出 n/n_m 范围从 0.75～1.53，其总平均值为 1.03，接近于 1。Brunauer 及其同事对氪和氙在许多蒸发膜上的吸附进行研究之后，发现 n_m 和 n_B 相差可达 20%，他们与其他一些作者一样也注意到，除了含有 B 点等温线的区域可用 BET 方程以外，这两个数之间不可能得到满意的一致性。例如，Sing 由从一些氧化硅、氧化铝样品的氮吸附等温线中得到的 n_m 和 n_B 发现，当 B 点处于相当于 BET 图直线部分的压力范围时，n_m 和 n_B 之间相差约在 5%以内；若 B 点落在这个范围以外时相差可达 16%。

Drain 和 Morrison 对金红石上氮、氧和氩低温吸附的研究结果可用以进一步证实用 BET 图计算单层容量时参考 B 点的重要性。这些等温线都是非常确定的Ⅱ型等温线，但是它们之中的每一条都给出了两种近似线性的 BET 图，短的处于低相对压力处，较长的则处于较高及常用的相对压力区。由含有 B 点的前一种形式给出一个 n_m 值，它与 n_B 值吻合良好。但由后一种形式给出的 n_m 值则明显地

高于 n_B（参见表 5.1）。

确定 B 点位置的难易与等温线拐点的形状有关。如果是个陡峭的拐点，相应于 c 值高，即使等温线的直线分支短，也可以精确地确定 B 点[见图 5.10 的曲线（i）]。当 c 值低时，拐点变成了圆弧形，B 点定位十分困难。因此，预测的 n_B 值可能与 BET 单层容量之间有相当大的差别，所以很快就可看出，所确定的 B 点位置是可疑的。的确，无论是用 B 点法，还是用 BET 作图法，都不能用不易确定 B 点的等温线来测定单层容量。事实上，这个限制应包括 c 值低于 20 的所有等温线。

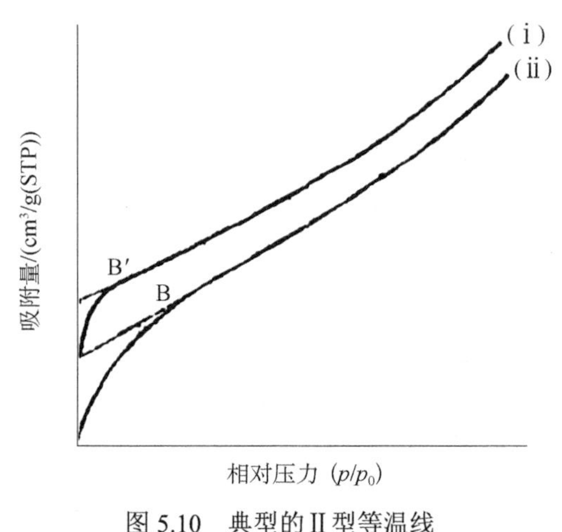

图 5.10　典型的 II 型等温线

（i）有陡峭拐点；（ii）有圆弧形拐点

5.6　BET 单层容量可靠性的检验

吸附热-吸附量曲线为支持 BET 方程计算单层容量的可靠性提供了证据，在高温热处理石墨化炭黑上进行了这方面的一些很详细的工作。氮在炭黑上的吸附热对 n/n_m 的关系见图 5.11（n_m 由 BET 方程获得），由图（a）到图（d）是依次提高热处理温度、使石墨化作用的程度逐渐增加以及因此而使得表面均匀性逐渐提高的结果。不考虑它们之间在亚单层区（$n/n_m<1$）的差别，所有的曲线在 $n/n_m=1$ 的区域，吸附热都明显地下降到略微超过摩尔凝聚热的程度，这和所预料的单层完成、多层开始的情况相同。图（a）和图（b）亚单层区内的曲线以及图（c）和图（d）曲线中的峰都略有升高，似乎是可以用吸附分子更紧密地挤在单层中，从而使它们之间发生了横向相互作用来加以解释。

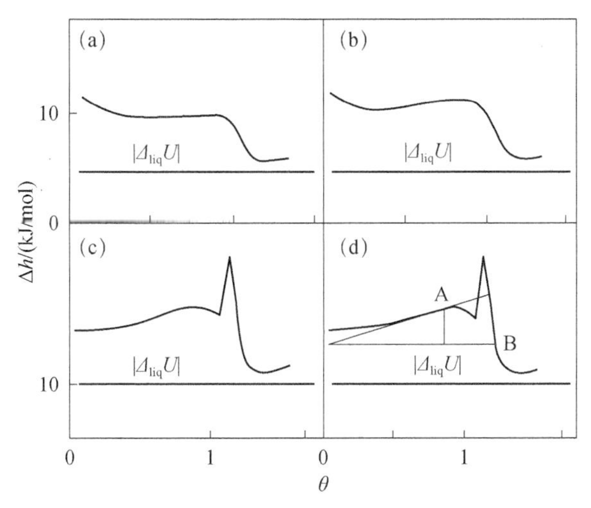

图 5.11　Sterling 炭黑样品上氮吸附微分焓 Δh 与表面覆盖度 $\theta(=n/n_m)$的关系

炭热处理温度顺序为（a）1500 ℃；（b）1700 ℃；（c）2200 ℃；（d）2700 ℃；2000 ℃的曲线与（C）类似，只是峰比较小一些。量热温度分别为（a）77.5 K；（b）77 K；（c）和（d）为 77.4 K

对于结晶的无机物，例如金属氧化物，如果不经过烧结处理使其表面积大量损失，那么表面的不均匀性就很难消除。因此，在吸附剂为金红石（TiO_2）的图 5.12 中，所有三种吸附质的吸附热都随着吸附量的增加而连续减小。但是，当接近单层完成时，下降的速度加快。

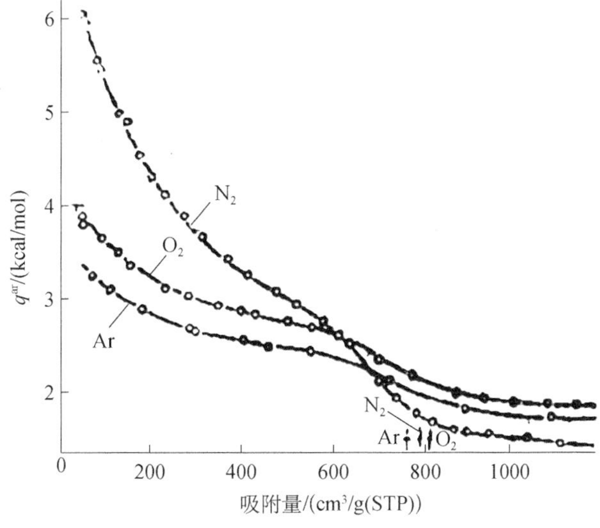

图 5.12　95 K 时金红石上氩、氮及氧等容吸附热（q^{ar}）对吸附量(cm³/g(STP))的关系

图中标出了每种气体相当于单层完成的吸附量，显示出吸附接近单层完成处 q^{ar} 下降较快

本节所引用的各类研究结果证明下述结论是正确的，即用 BET 方程、由Ⅱ型等温线算出的 n_m 值能合理地与固体真实的单层容量相符，其误差在±20%以内。当所提供等温线有清晰的 B 点时结果更好。

5.7 氮吸附等温线 BET 面积与其他方法测定值的比较

单层容量 n_m 本身意义不大，只不过是使用公式：

$$A = n_m a_m L$$

计算比表面积时的一种手段。这里 a_m 为吸附质的分子截面积，即在完全的单层中一个吸附分子所占据的面积。检验由 BET 方程或 B 点法所得到的单层容量可靠性的一个明显的途径，是利用方程（5-1）将各种吸附剂的单层容量换算成各个比表面积，然后与其他方法算得的结果进行比较。大多数这类检验工作的实验条件为：氮沸点温度为 77 K，氮作吸附质，使用 Emmett 和 Brunauer 早期建议的液氮密度 ρ_L 算出的 a_m 值。假设固体表面上的吸附分子是排列在整个液体内的一块平整平面上，表面不会干扰前面已排列的分子，则可导出下式：

$$a_m = f\left(\frac{M}{\rho_L L}\right)^{2/3} \tag{5-31}$$

式中，f为堆积因子，对于液体内部呈 12 密接堆积、平整表平面上呈六密接堆积的堆积状态，f因子等于 1.091，因此公式（5-31）可变为

$$a_m = 1.091\left(\frac{M}{\rho_L L}\right)^{2/3} \tag{5-32}$$

以 ρ_L=0.81 g/cm^3 代入，得出 77 K 时氮气的分子截面积 a_m =16.2×10^{-20} m^2，关于其他吸附质的分子截面积，将在后续中予以讨论。

最直接的检验办法是将 BET 面积与固体的几何面积进行比较，遗憾的是考虑到实验上的困难，相对来说这种比较是罕见的。当有了吸附测量需要的高灵敏技术时，可选用具有确定晶面的单晶工作，或者选用薄片、窄棒或者小球以获得较大的比表面积，并且由于表面并不真正平滑，还要承担实际面积超过其几何面积的风险。

Rhodin 选择了第一种方法。借助于一台非常灵敏的微量天平测量了 78.1 K、83.5 K 和 89.2 K 时铜和锌的单晶电抛光薄板上的氮吸附等温线。发现 BET 面积

与几何面积之比 r 相对于铜为 1.20，相对于锌为 1.16±0.01。选用的氮分子截面积为 $a_m=16.1\ \text{Å}^2$。由于即使是对单晶，其近似因子几乎也必定超过整数 1，因此这些数据就意味着 BET 比表面积和固体的真实比表面积之间的符合程度很差，误差明显地大于 16%～20%。进一步的实验支持了这一判断：将一个多晶铜样品逐步氧化，不时地用氮吸附法测量其比表面积，结果随着氧化膜厚度由 0 逐渐增加到 75 Å，r 值从 2.45 连续地下降到 1.0，但当氧化膜平均厚度 t 由 75 Å 进一步增加到 100 Å 的过程中，r 值却保持恒定不变。因此，超过整数 1 的值，必然代表受氧化所限制的粗糙度。

Deitz 和 Turner 采用一种特殊技术制备出的玻璃纤维，足够细且充分均匀，直径约 8 μm，具有大小合理的几何比表面积，约 0.2 m^2/g，计算误差在 0.5%以内。经电子显微镜检查，确信该纤维表面无粗糙现象。氮吸附法测得其 BET 图在 $p/p_0=0.01$～0.04 呈线性关系，由 77 K 选用 $a_m(N_2)=16.4\ \text{Å}^2$ 和 90.2 K 选用 $a_m(N_2)=16.6\ \text{Å}^2$ 算出的 BET 比表面积恰与其几何比表面积一致。因此，由常用的 16.2 Å^2 得到的 BET 比表面积与几何比表面积之间的误差在 2%以内。

采用充分细碎的固体进行了大量 BET 比表面积可靠性检验，这些试验固体的比表面积可由光学显微镜（或者是由电子显微镜）观察其颗粒大小而单独计算，它们的粒径分布很窄。以这种方法得到的比表面积 A_d 可通过下式与平均投影直径 d 相关联：

$$A_d = \frac{K\sum n_p d_p^2}{\rho\sum n_p d_p^3} \tag{5-33}$$

式中，K 是形状因子，ρ 是被测物质真密度，n_p 是粒径为 d 的颗粒数。式（5-33）具有统计性质，因此必需测量大量粒子，颗粒的粒径分布宽时尤其必要。Araell 和 Henneberry 强调过这种误差来源的可能性，他们发现某一细研过的石英样品总数为 335 的颗粒中有 2 个颗粒的粒径约为最概然粒径的 20 倍，如果忽视了这两个颗粒带来的不均匀性，结果会造成算得的 A 值增加了接近一倍。

形状因子 K 是产生误差的另一个不确定因素。球形或近似球形得出的 K 值最为可信，从这一观点出发，非孔炭黑特别符合要求，并且颗粒尺寸也高度均匀。未石墨化的炭黑中，往往存在空隙，加热到 3000 ℃左右使其石墨化可以基本上将空隙消除。可惜的是这一过程会使粒子的形状偏离圆球形。由 Anderson 和 Emmett 所创的工作，采用 $a_m(N_2)=16.2\ \text{Å}^2$ 对四种炭黑推导出的表观近似因子 r 值的范围是 0.96～1.43。Arnell 和 Henneberry 检验了 11 种炭黑，得到的近似因子数值有 10

个在 0.87～1.71，一个为 5.4。对于超过 1 的值，可用存在内表面的观点解释。内表面则用气体吸附法，而不是用电子显微镜法进行测定。在 Homfmann 等的实验里，用氮吸附法测定石墨化样品的比表面积 A_N 总是随石墨化的程度明显地递减，而用电子显微镜法得到的 A_d 值则几乎不受石墨化的影响。因此，如果石墨化过程降低或消除了空隙，如所预料，则 r 值是降低的（表 5.2）。8 个石墨化样品中有 5 个 r 值处于 0.95～1.10，2 个高达 1.40 和 1.24 的样品可归因于未完全石墨化，因此相应于未石墨化样品的值异常高；然而 0.76 的低 r 值也有些令人费解。

表 5.2　电子显微镜法（A_d）和氮吸附法（A_N）测定石墨化前后的炭黑比表面积

样品	$A_d/(m^2/g)$	$A_N/(m^2/g)$	$r=A_N/A_d$
Thermax	6.50	7.63	1.17
石墨化 Thermax	6.45	6.37	0.99
CK	97.1	92.3	0.95
石墨化 CK	69.8	72.8	1.04
Philblack A	46	44	0.96
石墨化 Philblack A	48.4	37.0	0.76
Philblack O	73	87.2	1.19
石墨化 Philblack O	65	69.9	1.08
Spheron C	96	252	2.63
石墨化 Spheron C	101	125	1.24
Spheron I	132	170	1.29
石墨化 Spheron I	96	103.5	1.08
Spheron 6	106	121	1.14
石墨化 Spheron 6	79	87	1.10
Luv 36	10.2	17.8	1.75
石墨化 Luv 36	11.0	15.4	1.40

还有一些作者用其他物质进行过检验，例如，Robens 使用直径 20～60 μm 的玻璃球，按照 $a_m(N_2)$=16.2 Å^2 测得的 BET 比表面积仅比显微镜颗粒尺寸分析法测出的几何比表面积高 5%，考虑到后一方法本身的不可靠性，这一实验结果可以用来进一步证实 BET 值的误差在 5%以内或更小。Ewing 和 Lui 使用含色素锐钛矿与氧化锌进行的工作表明，两种比表面积测试方法间吻合性的误差在±20%以内（表 5.3）。

表 5.3　电子显微镜法（A_d）和氮吸附法（A_N）测得锐钛矿和氧化锌的比表面积的比较

样品	$A_d/(m^2/g)$	$A_N/(m^2/g)$	$r=A_N/A_d$
锐钛矿 1	9.5	10.2～11.0	1.07～1.16
锐钛矿 2	8.3～9.7	7.0	0.84～0.72

续表

样品	A_d/(m^2/g)	A_N/(m^2/g)	$r=A_N/A_d$
锐钛矿 3	6.7	5.6	0.84
氧化锌 1	4.3	4.2	0.98
氧化锌 2	8.9	7.9	0.89

Alexander 等的实验结果列于表 5.4，从表中可见，除最粗颗粒组外，电子显微镜测量的颗粒尺寸与氮吸附法的结果十分吻合。作者使用的实验技术除氮吸附法、电子显微镜法外，还包括光散射法，吸附剂为一系列不同粒径的硅胶。

表 5.4　电子显微镜法（A_d）和氮吸附法（A_N）测定硅胶粒径的比较

颗粒组编号	粒径/nm		
	da（电子显微镜法）	dF（氮吸附法）	dl（光散射法）
1	16.6	14.7	17.5
9	18.8	18.9	23.0
18	21.1	21.8	30.0
27	28.4	28.1	43.0
35	35.2	32.5	53.0
50	59.2	40.0	66.0

Rouquerol 等基于量热学的实验事实重新对 Harkins-Jura 比表面积“绝对”测量法作了不同的探讨。他们的设想是：用一个足够薄的吸附质膜将吸附剂覆盖起来，使其出现在性质上与体相液体完全相同的外表面，于是当把处理好的吸附剂浸入液态吸附质中时，单位面积的焓的变化应当等于体相液体吸附物的表面焓 h_L。h_L 可以由液体的表面张力和它的温度系数算得（$h_L=\gamma-T\mathrm{d}r/\mathrm{d}T$）。因此，比表面积可以由关系式 $q^i=Ah_L$ 算出。其中，q^i 是单位质量样品的浸渍热。Harkins 和 Jura 认为膜厚需要 5～7 个分子层，如此则达到固体粒子间空隙明显发生毛细凝聚的状况，所以相应的相对压力接近于饱和蒸气压。然而 Roquerol 等依据他们精确的微量热法研究结果得出的结论则是：合适的厚度为两个分子层（对水）。他们研究了由 9 种不同物质构成的 1 个样品，BET 比表面积由 0.6 m^2/g 到 129 m^2/g，如果不考虑比表面积最小的样品以及确信是一个特殊的高岭土样品的结果，则量热法比表面积和 BET 氮吸附法的比表面积的比值为 0.98～1.23，平均值为 1.07。本节所讨论的各种结果表明，用 a_m (N_2)=16.2 Å^2 的氮吸附 BET 单层容量算出的比表面积 A，与几何法或其他测定法得出的结果之间，符合性误差在±20%以内，甚至常常比此结果更好。因此有理由认为，这种差异大都是因为在 A 的各个计算方法中，内在

的不确定因素及很难保证固体是完全非孔等因素。所有结果中共同的一点是，在使用 BET 方法、由Ⅱ型氮吸附等温线测定比表面积的工作中，作为工作值的 a_m (N_2) =16.2 Å^2 得到了广泛的承认。即使如此，也还有点怀疑，这就是由于吸附剂固体性质的不同，氮分子的横截面积会稍改变，当探讨比表面积的绝对值而不是相对值时，必须考虑有这种改变的可能性，其原因留在下节讨论。

5.8 影响分子截面积 a_m 的因素

在用 BET 方法测定比表面积的工作中，除了用氮作为吸附质以外，还不时地采用了许多其他蒸气，其中包括：氨、氪、氧、苯、甲苯、碳链较短的烃类、氟利昂（$CHCl_2F$）、二氧化碳和一氧化碳以及水蒸气等。BET 法测定比表面积的早期工作中，分子截面积 a_m 是由液体密度通过方程（5-32）算出来的。然后将算得的结果代入方程（5-1）中，求出固体的比表面积。但是不久就明显地看到，采用这种方法得出的是一些不规则的结果。对某一特定固体来说，选用不同的吸附质得出的固体比表面积值有较大的差异。虽然适当地使用人为修正 a_m 值的办法常常可以减少其不规则性，但不能消除。

表 5.5 所列数据说明了这点，这些数据以 Davies、de Witt 和 Emmett 的开创性工作为基础，使用氮、氪、正丁烷和氟利昂为吸附质，他们使用的吸附剂有 5 种，其中 2 种的几何比表面积是已知的。表中第（iii）栏给出了由液体密度[根据式（5-32）]算出的分子截面积（参见表 5.6）得出的 BET 比表面积 A 的数值。特别是参照第（iv）栏时可以看出，对给定的同一吸附剂，由不同吸附质得出的 A 值并不相同，有时它们之间的差别还相当大。因而，人们试图修正分子截面积值[表 5.5 第（iv）栏]，以使各种不同的 A 值能与“氮值”相互协调。表 5.5 中的第（v）栏和第（vi）栏表明，在使用了修正的分子截面积后，前三种吸附剂中的偏差虽可减少，但未必能消除。而在银箔和蒙乃尔合金带中，得到的比表面积无论是与其几何比表面积相比还是它们相互之间比较，依然存在着相当大的偏差。

表 5.5　不同蒸气在若干粉体和金属箔上的吸附测得的比表面积比较

（i）吸附剂	（ii）气体	（iii）$A/(m^2/g)$	（iv）$(A/A)/N$	（v）$A^V/(m^2/g)$	（vi）$(A^V/A)/N$	（vii）c(BET)
玻璃球	N_2（78 K）	0.434	1.00	0.434	1.00	160
	Kr（78 K）	0.322	0.74	0.441	1.02	32

续表

（i）吸附剂	（ii）气体	（iii）$A/(m^2/g)$	（iv）$(A/A)/N$	（v）$A^V/(m^2/g)$	（vi）$(A^V/A)/N$	（vii）c(BET)
玻璃球	C_4H_{10}（195 K）	0.333	0.77	0.489	1.12	7
	CHClF（195 K）	0.315	0.73	0.479	1.10	106
铝粉	N_2（78 K）	2.60	1.00	2.69	1.00	81
	Kr（78 K）	1.96	0.73	2.68	1.00	290
	C_4H_{10}（273 K）	1.67	0.62	2.43	0.90	26
	CHClF（273 K）	1.70	0.64	2.62	1.97	21
氧化锌	N_2（78 K）	9.40	1.00	9.40	1.00	155
	Kr（78 K）	5.32	0.72	9.34	0.99	150
	C_4H_{10}（273 K）	6.03	0.74	10.1	1.07	52
	CHClF（273 K）	6.63	0.71	10.1	1.07	215
银箔①	Kr（78 K）	1.56	—	2.14	—	19
	C_4H_{10}（195 K）	1.22	—	1.78	—	6
	CHClF（195 K）	1.13	—	1.72	—	11
蒙乃尔合金带②	Kr（78 K）	0.456	—	0.622	—	13
	C_4H_{10}（195 K）	0.652	—	0.952	—	4
	CHClF（195 K）	0.577	—	0.878	—	7

① 几何比表面积=1.56 m^2/g；

② 几何比表面积=0.579 m^2/g。

表 5.6　Davies、de Witt 和 Emmett 采用的分子截面积 a_m 值

吸附质	温度/K	a_m/nm^2	a_m/nm^2（修正值）
氮	78	0.162	0.162
氪	78	0.152	0.208
	195	0.297	0.434
正丁烷	273	0.321	0.169
	195	0.247	0.375
氟利昂	273	0.264	0.401

Harrisi 和 Emmett 引用他们由特定吸附质的等温线算出吸附剂上的值有时变化也很大。因此，对于某种指定的蒸气不可能用单纯修正 a_m 值的办法达到消除这种偏差的目的。对这些结果及其他一些结果的调查表明，欲使一个给定吸附质所得出的比表面积值与由氮吸附法得出的结果相符合，应该根据吸附剂的性质对该吸附质的 a_m 值加以变更。这些偏差的存在，说明采用吸附质分子以类液态堆积的方式完全充满单层的惯用模式来推导 a_m 值的方法过于简单。有两个因素可以否定

这一简单模式：①吸附分子可能存在一种使其定位于晶格位置或固体表面上更活泼部位的趋势；②不可能把单层形成的过程与多层的建立截然分开。

很明显，在定位可能有扰动效应时，如果吸附分子完全被定位，吸附分子就留在吸附中心上，而吸附中心的位置取决于吸附剂的晶体结构，因此 a_m 值的大小不是由吸附质的分子尺寸决定而是由吸附剂的晶格参数所决定（除非吸附质分子大到足以盖得住多于一个吸附中心的面积）。另一种极端情况是，当吸附质分子自由移动时，a_m 值将由吸附分子的大小和形状所决定，在这种情况下吸附分子相互堆挤在一起。如果其排列方式与在体相液体中的情况相同，则 a_m 值可由式（5-32）给出。吸附分子的移动程度将由所给定的吸附中心与其最邻近的吸附中心之间能垒高度 $\Delta\Phi$（相对于热能 kT）决定。如果 $\Delta\Phi/kT<1$，则实际上吸附质分子完全移动；如果 $\Delta\Phi/kT>10$，则几乎完全定位。最普通的情况介于二者之间，即 $\Delta\Phi/kT$ 处于 1～10，其吸附为部分定位、部分移动。一个吸附分子在吸附中心附近消耗的时间随着 $\Delta\Phi/kT$ 值的增加而增加，因此可以预期 a_m 值将处于上述两种极端情况之间。

一般说来，可以预期高 $\Delta\Phi$ 值与其本身的高 Φ 值相关，后者则反映于一高 c 值，因此高定位膜似乎应得到一条高 c 值的等温线，而大移动性膜导致低 c 值。所以所述的①和②两个因素都会引起 a_m 值随 c 值变动而发生变化。图 5.13 是一组正戊烷吸附等温线，可以作为一个显示这种变化的例子，等温线的形状因吸附剂性质而明显不同，由这些等温线及另外增补的一些戊烷等温线算出的对应 a_m 值，在低值（圆弧形拐点）情况时和 c 值呈显著对应关系，随 c 值迅速变化；但是在较高的 c 值情况时，a_m 变为一个常数。除此以外，在相当于非定位吸附的 298 K 时，由液体密度算得的所有 a_m 值都超过了 36.2 Å^2。

a_m 值与表面性质之间的关系也可以采用改性的非孔物质表面进行研究。例如，Dubinin 等在石墨化炭黑上预吸附不同盐的甲醇以改变其表面，然后在所产生的低能量表面上测定其氮等温线，所得 c 值和由 $a_m(N_2)$=16.2 Å^2 算出的 BET 比表面积值都随甲醇覆盖度的增加而逐渐下降（表 5.7）。虽然样品实际面积减少，或多或少是由于甲醇膜的作用使粒子尺寸增大，但是这种改变很小，约为 2%，因此更似乎是由于 $a_m(N_2)$值本身增大的缘故。Day、Parfitt 和 Peacock 同样发现，当金红石预吸附甲醇后，随着相应的 c 值由 400 减小到 39，金红石样品的氮吸附法面积由 10.2 m^2/g 明显降低到 7.5 m^2/g，若将 $a_m(N_2)$=16.2 Å^2 增加到 22 Å^2，可对这一结果给予良好解释。

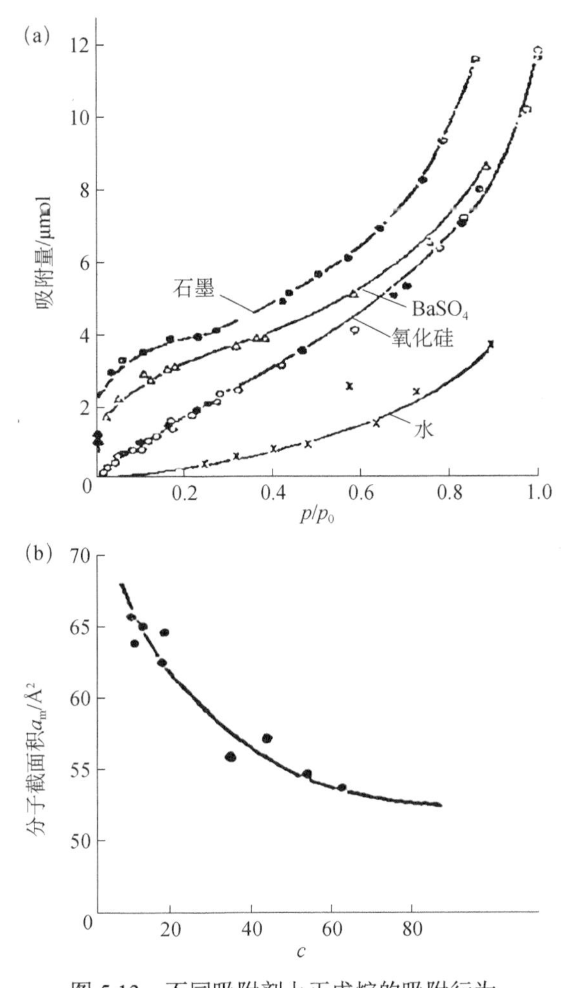

图 5.13　不同吸附剂上正戊烷的吸附行为

（a）吸附剂性质对等温线形状的影响；（b）a_m（正戊烷）值与 c 值间的关系

表 5.7　预吸附甲醇对 77.6 K 时石墨化炭黑上氮吸附 BET 参数的影响

甲醇覆盖度	$A/(m^2/g(BET))$	c
0	39.1	150
0.50	31.4	90
0.80	30.0	40
1.3	29.9	32

从所有这些情况看出，对某一给定的吸附质来说，欲得到其特征的 a_m 恒定值，应包括两个相互对立的必要条件，即一方面需要有足够大的 c 值，以便保证单层和多层的形成之间有适当分隔，另一方面又要求 c 值必须足够小，以避免吸附质

分子明显定位。看来以氮为吸附质时，在宽广的吸附剂范围内，这两个相互对立的必要条件可以得到合理的满足。所讨论的这类型的材料清楚地说明，按照一般规律，采用 $a_m(N_2)=16.2$ Å^2 为工作值时，可使所得到的比表面积值与真实值之间的误差落在 20%以内。Brunauer 和 Emmett 早就选用氮测定比表面积，应当把这看成是一种非常好的选择；即使如此，势必也还有一些吸附剂要求对 16.2 Å^2 这一标准值进行修正。例如，Pierce 和 Ewing 以及 Zettlemoyer 提出若干理由支持氮在均匀石墨化炭黑表面上的吸附呈现单层状，他们认为氮分子的 $a_m(N_2)$约为 0.2 nm^2，而且在石墨表面上以开放式排列方式定位。有意义的是这种模型结果与以氮分子在平行于吸附表面上自由旋转状态计算出的 a_m 值很相近。Sing 等建议，在 α-氧化铝上的 $a_m(N_2)$值大约为 0.18 nm^2。而 Rouquero 根据量热的数据主张氮分子在石墨化炭黑和羟基化的氧化硅上是垂直取向的，因此给出的 a_m 值明显低于 0.162 nm^2。Chung 和 Dask 的吸附测试工作也提供了证明，表明氮分子的单层结构要比按 $a_m(N_2)=16.2$ Å^2 以液体密堆积的结构更紧密。

可能会偶然出现在性质上与上述①和②大不相同的一个复杂的因素。众所周知，在脱气，特别是温度发生变化的情况下，会导致等温线和计算出的比表面积值出现相当大的偏差。这一点在水合金属氧化物中尤为突出。当逐渐升高温度脱气时，配位水和羟基的丧失使得表面层中产生裂缝，因而偏离原子的二维平面性。

最后，要提到的是，氮吸附法的 BET 区压强范围为 1.32×10^3～2.664×10^4 Pa（10～200 Torr），其具体的实际数值取决于实验体系。然而由于受到容量分析法残留在“死”空间中未被吸附质气体校正值的限制，或者受到重量测定法弹性校正值的限制，为了实验方便起见，常规氮吸附法测定比表面积的极限应当大于 1 m^2/g。

5.9 氮以外的其他吸附质

由于必然会遇到多种情况，在可能得到的许多种气体中，只有很少部分适于比表面积测定。首先要求吸附物在广泛的各类吸附剂上产生的等温线应当具有前述特征，即等温线需有一陡的拐点及一个清晰 B 点，其次必须满足若干实际要求：吸附物对固体需呈化学惰性，工作温度下，吸附物饱和蒸气压需大到足以在整个合理范围（～$0.001<p/p_0<0.5$）内能精确测定其相对压力，但为了方便实验，p_0 又不得超过 1～2 个标准大气压；此外，工作温度也受到是否可能得到普通冷冻剂［尤其是氮（沸点 77 K）、液氧（沸点 90 K）、干冰（沸点 195 K）、熔冰（沸点 273 K）］，以及是否可用可调恒温浴能方便实现 253～323 K 恒温区的限制；最后还希望吸附质分子的形状不能偏离球形对称太远，以使由表面取向引起的 a_m 值的不准确性减到最小。

这些相当苛刻的要求，解释了适用于比表面积测定的吸附质数量受到严格限制的原因。McClellan 和 Harnsberger 于 1967 年曾经发表了一份内容全面的文献综述，共包括 188 篇参考资料，他们发现比表面积测试中用过两次以上（一般都用过多次）的吸附质达 128 种，但是这其中可达“推荐” a_m 值的仅有五种：氮、氩、氪、正丁烷和苯。下面拟着重讨论这五种中除氮以外的四种和其他一些比表面积测定使用（或已广泛使用）的吸附质（如氙、氧、二氧化碳、较低级烷烃）的 a_m 值。

水也是一种常用吸附质，但其吸附性复杂，不适用于总面积测定。

5.9.1　氩气吸附质

经常用氩气在 77 K 下测定比表面积，与其他惰性气体类似，氩也是化学惰性的，而且由球形对称的单原子分子所构成。氩在惰性气体中处于中间位置，它的物理性质，如沸点、汽化热以及极化率等都和氮的相应性质相近。因此从实验的角度看，在液氮温度（约 77 K）下氩吸附相对来说易于测定，可提供超过～1 m^2/g 的比表面积。然而，因为此温度低于氩的三相点（88.8 K），所以对于合适的参考态提出了疑问。第一种观点是，看起来有理由取固体的饱和蒸气压为 p_0。但是这样做的结果发现，在非孔固体上氩的等温线是以一角度逼近饱和蒸气压轴，而不是渐进地接近该轴（图 5.14）。因此，一直采取的有效饱和压力是氩过冷液态时的压强（77.2 K 时，$p_D^L=2.664\times10^4$ Pa），尽管近年来认为这种选择不太合理。

Brunauer 和 Emmett 首创的工作中，他们将液态密度代入标准方程中经过计算，采纳了氩气分子截面积的值为 a_m (Ar)=0.138 nm^2。McClellan 和 Harnsberger 在文献综述中，推荐了相同的数值。这些作者都注意到，当以 a_m (N_2)=0.162 nm^2 为基准时，所记录到的氩分子截面积超出 0.10～019 nm^2 的范围，因此得出结论，在完全单层的情况下，各吸附剂上氩分子所占的面积都是各不相同的。

按照前面所述，这种 a_m 值的变化可能与氩等温线具有低 c 值（约为 50）有关，因而单层不很确定。基于这一理由，在挑选一有清晰可辨的氩 B 点的情况下，

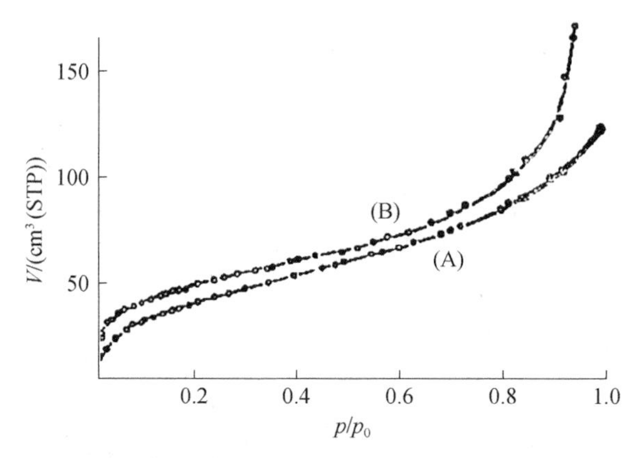

图 5.14　77 K 时非孔氧化硅（TK800-III）上氩（A）和氮（B）的等温线

可能有助于比较氩和氮的 BET 单层容量。为达到此目的，最合适的吸附剂之一就是石墨化炭黑。以 a_m (N_2)=0.162 nm^2 为基准的比较结果见表 5.8。如从表中所看到的，由不同样品得出的 a_m 值差别不是很大，并且通过这个事实基本上可以说明氩吸附法 BET 图的线性范围短的原因。表中列出的平均值为 0.139 nm^2，这个数正好与前述用液态密度按照方程（5-32）所得的结果相一致。这可能是偶然的巧合，然而按照一些权威人士的意见，在石墨化碳上氮是以分子截面积 a_m = 0.19 nm^2 的定位式吸附，如果采用 Pierce 的 a_m (N_2)=0.193 nm^2 数据，表 5.8 中分子截面积的平均值就升高到 a_m (Ar)=0.165 nm^2。

表 5.8　77 K 时在石墨化炭黑上的分子截面积 a_m(Ar)

a_m(Ar)/ nm^2	参考文献
0.138	（Kumar et al.，2019）
0.143 ①	（Kyzas et al.，2019）
0.137	（Lafi and Al-Qodah，2006）
0.151	（Lam and Luong，2014）
0.137	（Bello et al.，2008）
0.143	（Özacar and Sengil，2005）
0.129②	（Kazeem et al.，2018）
0.130③	（Liew et al.，2018）

① 在 87.5 K 测得；
② 由 B 点法测得；
③ 在 64.5 K 由第一个梯面最平的部分得出。

如吸附剂为非孔氧化物，那么所得结果略有差别，相对于 a_m (N_2)=0.162 nm^2，a_m (Ar)的值较高，此时的平均值为 0.167 nm（见表 5.9），接近于若干年前 Harkins

提出的值。

表 5.9　77 K 非孔氧化物上氩分子截面积 $a_m(Ar)$

氧化物	$a_m(Ar)/nm^2$	参考文献
氧化硅（Aerosil）	0.163	（Mu et al.，2022）
氧化硅（Aerosil）	0.177	（Liu et al.，2011）
氧化硅（晶体）	0.161，0.167	（Liu et al.，2017）
氧化硅（Hisil）	0.166	（Liu et al.，2013）
氧化铝（沉淀物）	0.153，0.166	（Liu et al.，2017）
氧化铝（γ-Al_2O_3）	0.176	（Malik et al.，2007）
氧化钛（锐钛矿）	0.165	（Maneerung et al.，2016）
氧化钛（锐钛矿）	0.167	（Mansouri et al.，2015）
氧化钛（金红石）	0.164	（Maneerung et al.，2016）
氧化钛（金红石）	0.172	（Morosanu et al.，2017）
氧化钛（金红石）	0.165	（Kim et al.，2017）
氧化钍	0.166	（Martins et al.，2015）
氧化镁（烟尘）	0.169	（Miguel et al.，2001）

注：氩的 BET 图选用液态 p_0 制成，BET 比表面积由氮吸附等温线算得，取 $a_m(N_2)$=0.162 nm^2。

如前所述，一些作者对选用超冷冻液体为参考态的作法提出了疑问，他们在测量等温线的工作中采用工作温度下所测得的固态饱和蒸气压。由表 5.10 可以清楚地看出，选用这样的 p_0 对在比表面积覆盖范围颇宽的许多氧化物上吸附的氩分子截面积 a_m 值有影响，a_m(Ar)平均值看来稍高，等于 0.180 nm^2。

表 5.10　77 K 非孔氧化物上氩分子截面积 $a_m(Ar)$

氧化物	$BET(N_2)/(m^2/g)$　$a_m(N_2)$=0.162 nm^2	$a_m(Ar)/nm^2$	参考文献
石英	6.2	0.182	（Karaçetin et al.，2014）
氧化硅（TK70）	36.3	0.185	（Karaçetin et al.，2014）
氧化硅（Pransil）	38.7	0.179	（Kitous et al.，2009）
氧化硅（TK800）	163	0.182	（Kitous et al.，2009）
δ-Al_2O_3	111	0.181	（Karaçetin et al.，2014）
无定形 Al_2O_3	85	0.179	（Karaçetin et al.，2014）
锐钛矿	20.5	0.174	（Mohan and Singh，2002）
锐钛矿	145	0.178	（Mohan and Singh，2002）

因此，氩在氧化物表面上，以 a_m (N_2)=0.162 nm^2 为基准算出的分子截面积，

在不同的固体之间略有不同，其平均值为：以超冷冻液体为参考态时，a_m(Ar)=0.167 nm^2；以固体为参考态时，a_m(Ar)=0.180 nm^2。在石墨化炭黑上，这种情况不大明显，这是因为这时有两种选择：或者是将a_m(Ar)变为0.139 nm^2；以使氮如在氧化物上一样，分子的截面积仍保持0.162 nm^2；或者是将分子截面积a_m(Ar)保持为0.167 nm^{2}不变，而把氮在石墨化炭黑上的分子截面积值提高到a_m(N_2)=0.193 nm^2，使其与几年前Pierce所提供的数值一致。鉴于氩的非特性吸附，把氩气在不同固体上吸附时的分子截面积看成是定值的主张是有道理的。在涉及比表面积测定时选用氩为吸附质的缺点是B点不明显，这与c值相对较低因而不利于测得准确的单层容量值有关。在足够低的温度下，高能表面上氩的等温线趋向于呈现为阶梯式特征。

5.9.2 氪气吸附质

在Beebe于1945年的开创性工作之后，77 K时的氪吸附就使较小比表面积的测定工作进入了广泛应用阶段。由于氪气的饱和蒸气压相当低（p_0约为2.6664×10^2 Pa），因而对未被吸附的气体的“死空间”校正可以小到足以允许对非常小的吸附量进行测量的程度，并且具有合理的精密度。文献报道氪测定比表面积可小到10 cm^2/g，但是吸附等温线的解释较为复杂。

77 K工作温度比氪的三相点116 K低很多，但是，如果采用固体为参考态，则在高压区的末端，等温线异乎寻常地向上弯曲。因此在Beebe之后，通常习惯上采用的p_0值是其超冷冻液体的饱和蒸气压（77.35 K：p_0=33197×10^2 Pa；90.2 K：p_0=3.668×10^3 Pa）。

另一个复杂之处是其BET图往往不呈线性。在Malden和Marsh所研究的50个催化剂样品中有40多个都是这样。例如，当p_0取自超冷冻液体时，BET图形略向相对压力轴的方向凸出，当p_0取自固体时，更为凸出。因此算出的单层容量值随切线处的不同而相应地变化。

用77 K时超冷冻液体密度算出的分子截面积为a_m(Kr)=0.152 nm^2。而Beebe发现应当采用0.195 nm^{2}这一较高的数值，以便以使用氪为依据算出的比表面积与Harkins锐钛矿的参考样品的比表面积相一致。

McClellan和Harnsberger综述了含有各种炭、金属氧化物以及各种有机聚合物等种类繁多的固体，得出的氪分子截面积平均值为0.202 nm^2，标准偏差为

±0.016 nm^2。一些较为近期的以 a_m (N_2)=0.162 nm^2 为基准的计算结果是 0.199～0.214 nm^2，对已知面积的玻璃纤维，平均值为 0.204 nm^2；对不锈钢，平均值为 0.202 nm^2；对磷酸硼（0.192～0.208 nm^2），平均值为 0.201 nm^2，所有这些数值都超过了由液体密度法算出的 0.152 nm^2，并且表明了可观的定位性。宽分布的 c 值（表 5.11）提醒人们应当注意在定位性方面的变化，必须预料到这种变化的结果是 a_m 值的范围要比实际看到的大一些。然而，显示出具有非常高 c 值的固体是一些具有小比表面积的金属，它们的等温线趋向于被限制在低相对压力范围内，以便降低其死空间的校正，因此这些 c 值很不可靠。

表 5.11　77 K 时氪吸附的 BET 参数 *c* 值

吸附剂	c 值
有机物质	10～70
玻璃	20～80
氧化硅	25～50
氧化铁	30～75
氧化镍	70～120
硅胶	80
纯铁粒	60～200
云母	100～130
钨粉	215，290
炭黑	230
污染镍膜	400，1000
清洁镍膜	1200，2300

虽然 a_m=0.195 nm^2 的 Beebe 值一直是一个有用的工作值，但从上述各种复杂情况来看，对照氮吸附法进行标定还是可取的。然而因为氮吸附法不能精确测定太小的比表面积（这也是某些特殊情况下选用氪吸附法的理由），所以实际应用往往十分困难。如无氮校正，比表面积值测定误差至少可达±20%。

5.9.3　氙气吸附质

氙气是又一种低蒸气压吸附质，在通常的工作温度 77 K 下，其蒸气压约为 2.264×10^{-4} Pa。从原则上讲，这就使得氙适于小比表面积的测定，而实际上，它的应用主要限制于确定的表面。关于它的分子截面积的情况还不是很清楚。由于它的极化率高[$\alpha(Xe)=4.09\times10^{-24}$ cm^3; $\alpha(K)=2.46\times10^{-24}$ cm^3; $\alpha(Ar)=1.63\times10^{-24}$ cm^3;

$\alpha(N_2)=1.74\times10^{-24}$ cm^3]，与固体的分散作用大，因此可以预期具有高定位性。Brennan 用 9 种金属蒸发膜进行工作，发现在相同金属上，氙吸附法和氪吸附法的单层容量相等，他的发现支持了上述的看法。引证 McClellan 和 Harnsberger 有关各种似非孔固体上氙吸附的文章中的数据，在 77 K 或 90 K 时，a_m 值的范围宽到 0.182～0.25 nm^2，这也指出了同样的倾向。Lander 和 Morrison 采用低能电子衍射（LEED），发现在 90 K 时，氙在石墨上的 a_m (Xe)值仅有 0.157 nm^2，这实际上比密堆积固体氙的每个原子所占的面积 0.168 nm^2 要小。

另一方面，Pritchard 发现在银及铜的（111）面上，a_m (Xe)的值接近于 0.170 nm^2（Ag 为 0.177 nm^2，Cu 为 0.169 nm^2）。这一点与其说是与金属吸附剂中的原子间隔相一致，还不如说是与固体氙原子中的间隔相吻合。

因此，其实际情况还不清楚，但其定位程度则取决于吸附剂表面的清洁度（人们已经认识到超高真空必不可少）、吸附温度以及有关氙原子尺寸（相当大）的晶格参数值等各种可变因素。

5.9.4 烷烃吸附质

表面测定工作还常常使用一些 C_2～C_7 的低级烷烃，对于多数吸附剂来说，它们具有化学惰性的优点，除己烷外，它们的饱和蒸气压还具有可在室温附近方便工作的特点。然而，如同其他多数吸附质一样，文献报道的分子截面积变化很大，除了极少数几种烃类外，它们的分子占据面积与分子对表面的取向明显有关，根据先前的观点而认为分子呈水平取向，至少已得到了石墨上吸附实验的支持。因此，Kiselev 发现由 C_5～C_8 烷烃的等温线算出的 a_m 值几乎都随链长线性变化。最近 Clint 对 C_5～C_{12} 烷烃进行了研究，发现具有相同规律。这些作者测得的 a_m 值如表 5.12 所示。

表 5.12　C_5～C_{12} 的 a_m 值　（单位：nm^2）

C_5	C_6	C_7	C_8	C_9	C_{10}	C_{11}	C_{12}
0.45	0.515	0.573	0.61	—	—	—	—
0.466	0.518	0.568	0.645	0.667	0.749	0.818	0.828

由这两组数值外推到 C_4 可以给出正丁烷的 a_m 值为 0.405 nm^2，该数值与 McClellan 和 Harnsberger 最后推荐的 a_m 值表所列的 0.444 nm^2（标准偏差 ±0.04 nm^2）及 Davis 于 195 K 时测得的正丁烷在石墨化炭黑的 0.4 nm^2 相比

拟。引起 a_m 值变动的因素之一是 c 值偏低，例如丁烷在 $CaCO_3$ 上的 c 值约为 25。

根据早期文献报道的乙烷用于比表面积测定的情况，比表面积多由 78 K 和 90 K 的等温线计算，而在这些温度下的乙烷饱和蒸气压（78 K：2.2664×10^{-1} Pa；90 K：1.1068 Pa）很低，几乎可完全忽略不计其对未吸附质气体死空间的校正，因此很值得重视。1947 年 Brown 和 Uhlig 在 90 K 时用乙烷吸附法测算镀铬的镍表面粗糙度的工作中，曾使用 a_m (C_2H_6)值等于 0.205 nm^2，此值由固态乙烷的晶格间距（固态乙烷熔点 90.4 K）算出，被许多作者所采用。此后，Kiseley 等用已知面积的石墨化炭黑进行实验，由此按 173 K 时 BET 单层容盘算得的 a_m 值为 0.227 nm^2，这一数值与分子模型法算出的 0.204 nm^2 和通过液体密度（取乙烷单层的范德瓦耳斯厚度为 0.4 nm）算出的 0.222 nm 相近，不过近年来乙烷测定比表面积的工作似已减少。

5.9.5　苯吸附质

多年来苯作为测定比表面积的一种吸附剂曾受到欢迎，可以在室温附近方便地使用；但是对其分子截面积的测定工作遇到了若干困难。苯分子在固体表面上的占据面积因其在表面上呈卧式或立式而大不相同。Isirikyan 和 Eiseley 曾经通过简单关系式 $a_m=V_L/V_t$ 得出卧式 a_m 为 0.4 nm^2（V_t 为体相液态吸附物的摩尔体积，下角 t 为范德瓦耳斯厚度，取 0.37 nm），按立式取向算出的 a_m（立式）为 0.25 nm^2，而由液体密度算出的值（即按随机取向的计算值）则为 a_m（随机）=0.307 nm^2。文献报道的 a_m 值大都高于上述后两数值，因而充分表明苯吸附量水平（卧式）取向，这也是对近年来苯在石墨化炭黑上吸附的中子衍射研究结果的验证进一步的支持。

McClellan 和 Harnsberger 在他们的述评中提出 a_m (C_6H_6)的推荐值为 0.43 nm^2，标准误差为±0.03 nm^2[以 a_m (N)=0.162 nm^2 为基准]。Wade 在 α-Al_2O_3 上得到的苯分子截面积为 0.423 nm^2。

苯分子截面积 a_m 值变动很宽，原因之一是苯分子中存在 π 电子。如若吸附剂是极性的，π 电子会使吸附具有特殊性质。例如，苯在羟基化氧化硅上的吸附热比其在脱羟基物质上的吸附热高很多。苯与后一种固体的吸附作用的确很弱，因此得到的是Ⅱ型等温线（图 5.15）。遗憾的是此篇述评很少引证 c 值，但已发表的 c 值相当低，例如苯在羟基化氧化硅上吸附时 c=10，其等温线上的 B 点不确定，因而拐点呈弧形，这将为计算单层容量值引入误差。

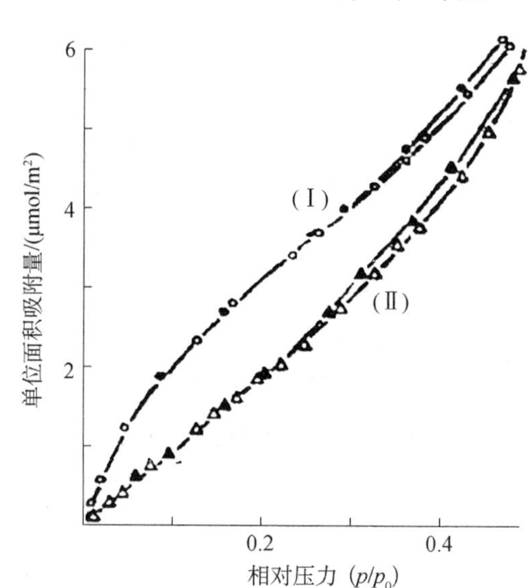

图 5.15　苯的吸附等温线

（I）水和硅胶；（II）脱水硅胶

5.9.6　氧气吸附质

早期 BET 方法常在氧沸点温度下用氧测定比表面积，但现在液氦易于得到，因而使用氧越来越少。不仅液氧作为冷冻剂存在易爆炸的危险，而且即使低于液氧沸点（90 K），也不能完全排除化学吸附和化学反应的性能。由 90 K 的液氧密度算出的氧分子截面积 $a_m(O_2)$=0.141 nm^2; McClellan 和 Harnsberger 列出的分子截面积表中给出的 90 K 及 77 K 时氧在 TiO_2、SiO_2、炭黑等各种固体上的分子截面积值，大都落于 0.135～0.152 nm^2。Brunauer 等以 $a_m(N_2)$=0.162 nm^2 为基准算出 4 种吸附剂上的氧分子截面积，77.3 K 时，$a_m(O_2)$=0.143 nm^2，90 K 时，$a_m(O_2)$=0.154 nm^2; Isirikya 和 Kazmenkot 在各种不同脱气温度下的金红石上得出的 $a_m(O_2)$ 值为 0.162 nm^2，这与 Smith 和 Ford 报告的 0.168 nm^2 结果相符。

5.9.7　二氧化碳吸附质

二氧化碳是另一种吸附质。一般来说，尽管使用二氧化碳的实验方便，其分子结构也简单，但是发现它在比表面积的测定中用处不大。这不仅因为它的化学吸附很复杂，而且因为它的四极矩（$1.034\times10^{-33}c$～$1.134\times10^{-33}c$，即 3.1×10^{-26}～3.4×10^{-26}）高，意味着它的吸附等温线对于固体表面上存在的极性基团或离子很敏感。由 Lemcoff 和 Sing 的结果所绘出的图 5.16，清楚地说明了四极矩对等温线的影响。他们所用的吸附剂是经过充分研究的非孔氧化硅，在曲线（i）和（ii）中，样品的脱气温度分别为 25 ℃和 100 ℃，因而（i）的样品上存在表面羟基，而（ii）的样品上则没有。消除表面羟基，使等温线由清晰的Ⅱ型（c=21）明显地向接近Ⅲ型（c=4）转变。多少有点意外的是，以氮吸附法为基准的二氧化碳分子截面积保持 $a_m(CO_2)$值为 0.222 nm 不变，但 c 值小时，由于 BET 单层容量的不确定性，此值可能改变。

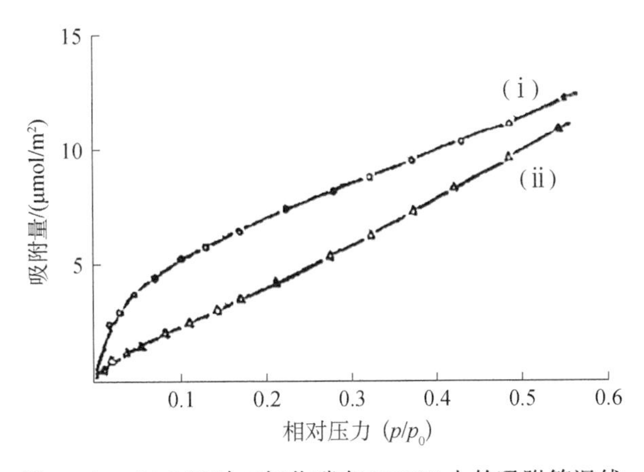

图 5.16　−78.5 ℃时二氧化碳在 TK800 上的吸附等温线

显然，文献提到的二氧化碳的低 c 值和对表面极性的敏感性，是引起 $a_m(CO_2)$值变化范围宽的主要原因。McClellan 和 Harnsberger 列出的 195 K 时的 $a_m(CO_2)$值范围为 0.141～0.22 nm^2[液态 CO_2 密度算出的 $a_m(CO_2)$值为 0.163 nm^2]，其他一些值是 0.206 nm^2[在炭黑和金红石上，以 $a_m(Ar)$=0.138 nm^2 为基准]和 0.191 nm^2（多孔氧化铝上）。比表面积的测试不推荐使用二氧化碳，但另一方面，它却特别适于研究可不考虑化学吸附体系的表面极性。

5.9.8　小结

由本节概括性的介绍可以清楚地看出，对于某一给定吸附物，不可能有一能适用于各种吸附剂的固定 a_m 值。如前所述，氮和氩的分子截面积，即 $a_m(N_2)$=0.162 nm^2 和 $a_m(Ar)$=0.166 nm^2 看来最近似于恒定有效，使用其他吸附质时，必需进行相对于氮或氩的校正。如若仅测定单样品的比表面积，因为在任何情况下都须测定氮或氩的等温线，所以没有必要再更换其他吸附质，但若待测固体的比表面积非常小，由于氮（或氨）校正很不精确，则应求助于氪吸附法。当计划测算一组密切相关的固体样品比表面积时，只要更换的吸附剂在各样品上得到的等温线都具有相同形状，则仅需任一样品进行氮校正。

5.10 阶梯形等温线

早在 1948 年前，Halsey 曾论述道：如果非孔吸附剂表面完全均匀，或接近于完全均匀，则等温线呈阶梯形，而不是Ⅱ型等温线的 S 形。Halsey 的分析阐明了 BET 模型忽略了“水平”方向相互作用；但是另一方面，Halsey 的分析却忽略了熵的贡献。本节的论证首先针对氩和这类球形对称且为非极性的分子。

由于连续连结的各吸附分子层之间的值大不相同，而每层完成的相对压力值（p/p_0）决定了该层中的 Φ/KT 值，即 Φ_θ/KT（θ 在这里仅限取整数），因此每层构成一个台阶，其“竖板”相应于该层的协同构筑，“台板”则对应于此层与下一个较高层之同的过渡。90 K 时氪等温线可作为一个阶梯形等温线的例子，见图 5.17（a），吸附剂为已知具有非常均匀表面的石墨化炭黑。图 5.17（b）是在溴化钙上得到的氪的阶梯形等温线。

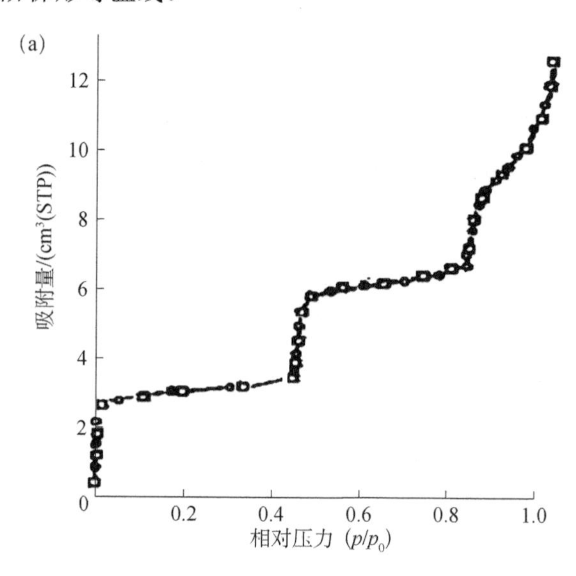

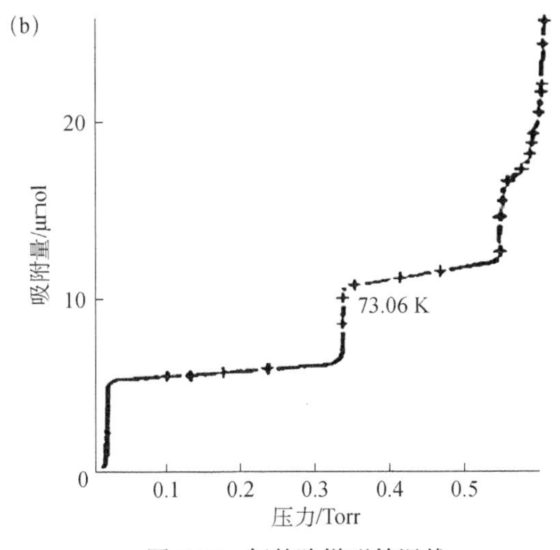

图 5.17　氪的阶梯形等温线

（a）90 K 时在经 2700 ℃石墨化炭黑上吸附；（b）73.06 K 时在溴化钙晶体上吸附

阶梯陡度取决于 Φ_θ/KT，因此随 Φ_θ 的变小或 T 的升高而陡度下降，它是氩在石墨化炭黑上的一组不同温度的等温线，温度升高、阶梯变圆，到最高温度时，阶梯仅留下行迹，等温线变为波形线。比较氩和氪的等温线，可以看出 Φ 值减小的影响。在相同的 77 K 下，石墨化炭黑上氪吸附等温线的阶梯十分清晰（图 5.18），而氩吸附等温线的阶梯却几乎消失；当 θ 值给定时，氪气的极化率高于氩气的极化率，因而相应的 Φ 值高于氩气。

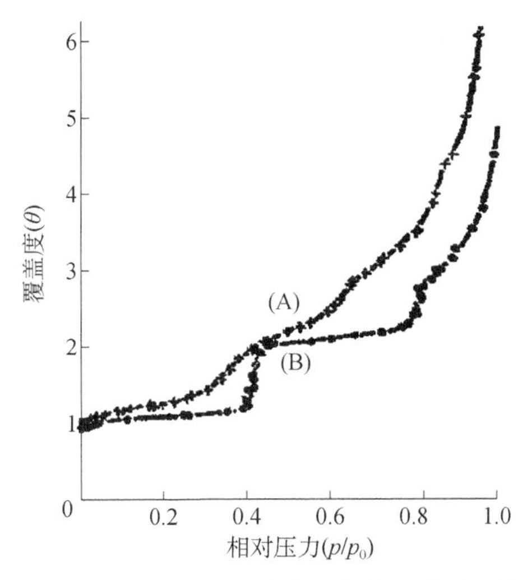

图 5.18　77 K 时石墨化炭黑上的吸附等温线

（A）氩气；（B）氪气

另一个球形非极性分子是甲烷。当温度为 77 K 时甲烷在石墨和辉钼矿上的等温线都具有阶梯特性。乙烷虽然稍有点不对称，但依然是非极性分子，97.4 K 时在镉上的等温线有两个清晰的阶梯，其中第二个阶梯是非水平的。采用氮吸附法时，氮分子偏离了球形对称并且具有比较强的四极矩，这两个因素结合在一起，使得多层区域内，阶梯式等温线的特征模糊不清。

如果吸附剂表面的能量不均匀，那么等温线的每一个阶梯就将由一组分级阶梯取代，后者则对应于该表面上各均匀小区域上完成的单层。如果这类阶梯相当多，其结果便成为人们熟悉的光滑 II 型等温线形式。因此，依据这一论证，惰性气体在充分低的温度下得到的 II 型等温线并不表征均匀表面（BET 处理假定均匀），而是表征高度不均匀的表面。氩在逐渐升温进行过热处理的炭黑上的等温线为此提供了明显的证明，参见图 5.19。

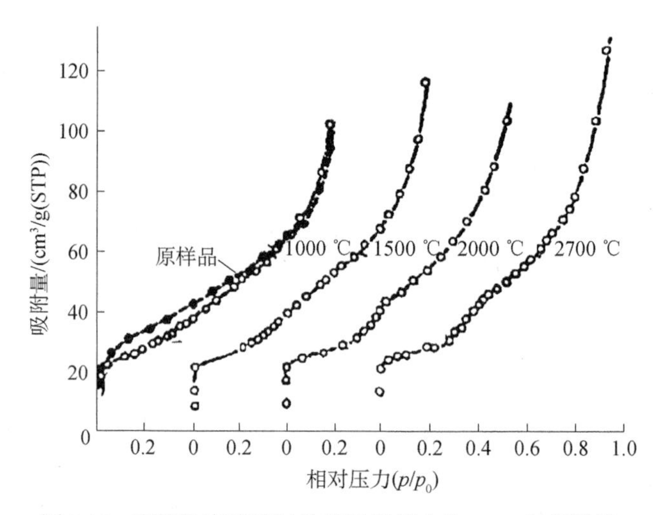

图 5.19　不同温度处理过的球形炭黑上的 78 K 氩等温线

未经处理的炭黑给出普通 II 型等温线，温度升高，炭黑石墨化程度增高，等温线随之变为阶梯形。等温线形状改变的确与能量不均性的增高有关，这可从热处理后比较炭黑石墨化前后的吸附热与表面覆盖度 n/n_{m} 曲线看出（图 5.20）。未经石墨化的炭黑，吸附热呈连续下降状，其间仅在单层完成区略显下降加速，表明其表面高度不均匀；但炭黑石墨化后，吸附热在单层区仅稍有变化（表现出的微小升高起因于横向相互作用），单层完成后迅即下降，此种行为表明表面十分均匀。

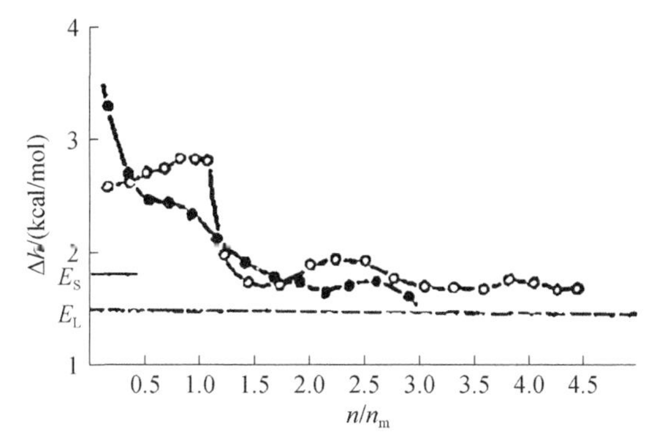

图 5.20　78 K 时氩在石墨化前后炭黑上的微分吸附热

实心圈代表球形炭黑，空心圈代表石墨化后的炭黑

从阶梯形等温线计算单层容量引起了若干有意义的观点。就一般见解而论，对应于单层完成的点必然位于第一阶梯台板的某一位置。Halsey 等赞同这一看法，认为阶梯高度相当于单层容量，而此高度则在台板的拐点处测量。这种方法与 B 点法相比有一明显优点，即几乎和温度无关，并可用于 BET 线性范围短而难以采用的情况。吸附膜内相变是另一个经常发生的复杂情况。Roujueroll、Thomy 和 Duval 等曾对多种阶梯形等温线作过详细研究，发现在第一阶梯“竖板”内存在弯折或亚阶梯，并且按照第一分子层中二维相变的观点作了解释。

5.11　多层区 Frenkel-Halsey-Hill（FHH）方程

当膜厚超过 2 或 3 个分子层时，表面结构的影响可大为消除，因此正如 Hill 和 Halsey 所述，当选取吸附膜的偏微分摩尔熵与其液态吸附物的相应值相当时，有可能在多层区采用表面力分析其等温线。Hill 给出以下等温方程：

$$\ln(p_0/p) = b/\theta^3 \tag{5-34}$$

b 为一参数，原则上可由吸附剂和吸附质的性质算出，但实际上是一经验值；指数 3 由积分方程中的 r^{-6} 项得到。Halsey 的方程更为通用：

$$\ln(p_0/p) = b/\theta^s \tag{5-35}$$

式中，指数 s 不需再进行积分处理，可以预期在 2～8；参数 b 是第一层吸附能的函数，大多数情况下，仍可视作一个经验值。若对应于等温线多层区可得一条斜率为$-s$ 的直线，则可通过 $\ln(p_0/p)$对 $\ln(n/n_m)$作图法检验方程（5-35）的正确性。

实际上经常可以得到这样的直线，但却难以如方程（5-34）要求的使 $s=3$。就 77 K 时氮吸附法而言，Zettlemoyer 报道羟基化氧化硅上的 s 值约 2.75，脱羟基氧化硅上的 s 值略低，为 2.20 和 2.48，聚乙烯和尼龙类低能表面的 s 值仅为 2.10。Halsey 认为利用 s 值可以粗略指示吸附质与固体间相互作用的强度，即大 s 指示存在特殊作用力，小 s 表示仅有弥散力作用。

5.12 标准等温线的概念

从引起物理吸附的各种力的性质考虑，某给定气体于某一指定温度下在任一固体上的等温线的具体行程，必然与该气体和固体的性质有关，每一吸附剂吸附质体系都对应有唯一的等温线。但是就一种指定气体，例如氮来说，如果吸附是在仅仅总表面不同而其他方面无大差异的一系列物质（例如金属氧化物）上发生，则可预期这一系列中各固体的等温线形状之间变化甚小，一级近似下只需调整一下吸附量单位的标度，即可将这些等温线叠合起来，因此如若采用归一化单位表示吸附量，有可能使各等温线相互吻合。归一化单位有单位面积吸附量 n/A（Kiseley）、统计层数 n/n_m（Harris 和 Sing、Pierce）、吸附膜统计厚度（层厚）t（Shull、Lippens、Linsen 和 de Boer）。t 在这里等于$(n/n_m)\sigma$，为单层厚度。

Shull 是研究标准等温线的先驱者，他指出 77 K 时许多典型固体上的氮吸附等温线尽管有些发散，但是依然可用一条曲线代表。数年后，Cranston 和 InkLey 对玻璃球沉淀银钨粉等 15 种非孔固体上的氮吸附行为进行类似研究。Pierce 于 1959 年也以炭、金属氧化物、离子晶体等多种固体的氮吸附等温线为依据提出了“复合等温线”概念，可以用指数 $s=2.75$、参数 $b=2.99$ 的 FHH 方程表示其整个多层区。随后，de Boer、Linsen 和 Osinga 提出“通用的 t 曲线”并且检验了其对多种金属氧化物及一些其他物质的氮吸附实验等温线的真实性，他们发现氧化硅和石墨化炭黑分别在高压区和低压区虽稍有偏离，但大部分等温线都与曲线良好吻合。数年后 Pierce 比较了相对压力 0.2～0.9 范围内的各种等温线 n/n_m 值后，发现 Shull、Cranston 和 InkLey、Piercer 以及 Harris 和 Sing 等的等温线之间有着非常合理的一致性，误差为±5%，但与 de Boer 等的等温线间的偏差较大。

随着时间推移，愈益明显地看到，当要求有合理的高精密度时，某一种吸附物的一条标准等温线并不充分。1969 年，de Boer 认为不同物质群可能需要不同的通用等温线，也许金属氧化物和石墨需要一条标准曲线，金属卤化物需要一条与此略有不同的标准曲线，金属本身则需要第三条标准等温线。一些研究者倾向于认为这样的分类仍太宽。Sing 等根据比表面积范围 1～200 m^2/g 的各种氧化硅样品（包括各种非孔样品和石英粉，但不包括无定形氧化硅）氮吸附等温线，提出一条氧化硅标准等温线，可由表 5.13 数据绘出，发现各样品等温线的实验点都与此通用曲线良好吻合。Sing 等还提出了 γ-Al_2O_3 通用曲线（以较少数样品为依据），它与氧化硅标准等温线彼此靠近，二者间的离散大于同类物质不同样品间的离散。其他作者还得到了 77 K 时氮在氧化硅上的标准等温线。

表 5.13　77 K 时非孔羟基化氧化硅上氮吸附标准数据

相对压力（p/p_0）	单位面积吸附量/（mol/m^2）	α_s（$=n/n_{0.4}$）
0.001	4.0	0.25
0.005	5.4	0.35
0.01	6.2	0.40
0.02	7.7	0.50
0.03	8.5	0.55
0.04	9.0	0.58
0.05	9.3	0.60
0.06	9.4	0.61
0.07	9.7	0.63
0.08	10.0	0.65
0.09	10.2	0.66

标准等温线的问题吸引了 Brunauer 等科学家的注意，他们提出了氮、氧和水的 5 条标准等温线，可由不同范围的 BET 常数 c 值表征：$200>c>50$；$c=23$；$145>c>10$；$c=5.2$；$200>c>10$（相对压力约为 0.5）。

Lecloux 和 Pirard 近年也从事这一课题研究，他们测试了包括金属氧化物、金属氯化物、某些有机聚合物等在内的多种样品氮吸附等温线，品种范围较窄的固体上的氩、氧（偶尔有一氧化碳和二氧化碳）等温线，在这些工作的基础上也得到 5 种由 c 值表征的等温线，但 c 值稍有不同，为 $c>300$；$300>c>100$；$100>c>40$；$40>c>30$；$30>c>20$。他们断言仅以 c 值为依据即可为任一种吸附剂-吸附质对选择标准等温线。

然而从某种意义来讲，根据在第 4 章讨论的内容，微孔的存在会使Ⅱ型等温线变形，这可从常数 c 值增大反映出来，在此种情况下，c 值全然不对外表面等温线的行程起支配作用。因此，对于某一特定体系，选择正确曲线的合适标准是试验固体与参考固体间化学性质的相似性，而不是二者 c 值的相似性。

所以最为重要的是标准等温线应当建立在已知是非孔的，尤其是无微孔的固体之上，但是对于用作测量等温线的固体却很难确定其肯定完全无空隙存在，因而对于文献中出现的同吸附质的“标准等温线”之间的矛盾，至少应当充分考虑到未被发现的孔存在这一因素。高压区对标准等温线的偏离为对某一固体颗粒间缝隙中以及颗粒本身内部的任何中孔中是否存在毛细凝聚现象提供了一种检验方法，而检验偏离标准等温线的方便方法则是 t 线图法。

第6章　中孔固体表面的吸附：Ⅳ型等温线

6.1 引　　言

中孔固体孔结构的研究与Ⅳ型等温线的解释有紧密的联系。其实，通常就将产生Ⅳ型等温线的孔径范围分类为中孔。低压区Ⅳ型等温线的行程（图6.1中的ABC）与相应的Ⅱ型等温线相同，但Ⅳ型等温线在某一点开始向上弯曲，直到在更高的压力下斜率减小（EFG）。靠近饱和蒸气压（p/p_0=1）时吸附量可能有微小改变（沿FGH），或者最后又转而向上（GH'）。

Ⅳ型等温线的特点是具有滞后回线，滞后回线的确切形状随吸附系统的不同而异。但是，如图6.1所示，在任何一个相对压力下沿“脱附”分支FJD的吸附量总是大于沿“脱附”分支DEF的吸附量，只要脱附操作相对压力是从F点（滞后环上端闭合点）以上的点开始，滞后回线就是可以重复的。

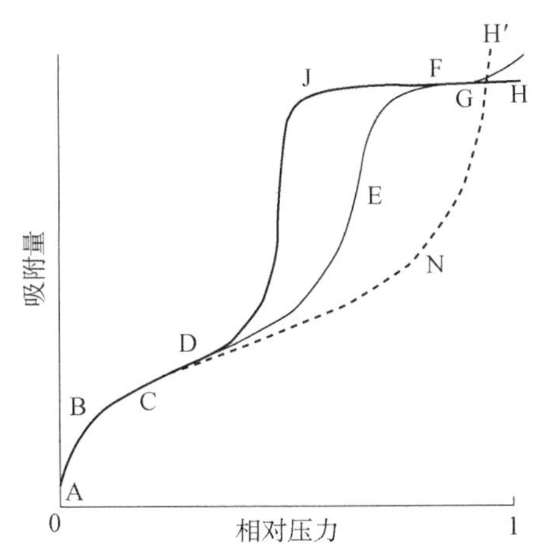

图6.1　Ⅳ型等温线（相应的Ⅱ型等温线为ABCN）

无机氧化物干凝胶和其他多孔固体都常常产生Ⅳ型等温线。本章分析Ⅳ型等温线时（尤其是77 K下的氮吸附等温线）将要讨论一些附带条件，目的是合理地计算比表面积和近似孔径分布。

Ⅳ型等温线是最先详细研究过的一类等温线，在吸附理论和实践的发展过程中，这类等温线的研究发挥过重要作用。在1888年，BDDT分类提出之前半个世纪，van Bemmelen就开始了他持续了二十年的经典研究，他研究了包括氧化硅在内的许多干凝胶的蒸气吸附，发现所得到的大多数等温线是具有Ⅳ型等温线特征的滞后回线。为了解释这些等温线，Zsigmondy提出了毛细凝聚理论。这种理论的种种形式实际上成为后来Ⅳ型等温线的理论分析基础。Zsigmondy应用了早些时候Thomson（以及后来的Lord Kelvin）基于热力学基础建立的原则，即液体凹形弯月面上的平衡蒸气压p必定小于该温度下的饱和蒸气压。这意味着蒸气的相对压力即使小于1也将能在固体的孔中凝聚。

Thomson原来的方程不适合直接用来处理吸附数据，后来的工作者所用的形式是“Kelvin方程”，即

$$\ln\frac{p}{p_0}=\frac{-2\gamma V_{\mathrm{L}}}{RT}\frac{1}{r_{\mathrm{m}}} \tag{6-1}$$

式中，p/p_0为弯月面（曲率半径为r_{m}）相平衡的蒸气相对压力，γ和V_{L}分别为液体吸附质的表面张力和摩尔体积，R和T与通常的意义相同。

Zsigmondy提出的模型，今天仍然被广泛接受。这种模型假定沿等温线的起始部分（图6.1ABC）吸附只限于在壁上形成薄层，直到D点（滞后回线的开始点）在最细的孔中开始毛细凝聚。随着压力逐渐增加，越来越宽的孔被填充，直至达到饱和压力时整个系统都被凝聚物充满。

在这个领域中的早期工作者都按Zsigmondy模型假定孔为圆柱体，接触角为零，所以弯月面为半球形。这样，平均曲率半径r_{m}就等于孔半径减去孔壁上的吸附膜厚。因而，应用Kelvin方程就可能由滞后回线的下限D处的相对压力计算出发生毛细凝聚的最小孔半径。自 Anderson（他在Zsigmondy实验室中工作）以后的普遍经验表明可能发生毛细凝聚的最小孔半径的界限依系统的不同而改变，但都很少低于～1 nm。应用Kelvin方程的上限是r_{m}为25 nm左右，这实际上是由于测量非常小的蒸气压降在实验上非常困难（见表6.1）。参考1～25 nm的界限确定中孔范围之所以合理，是因为经典毛细凝聚方程，特别是Kelvin方程可以在这一范围内应用。

表 6.1　25 ℃时氧化铁凝胶的饱和吸附量（以液体体积 V_s 计算）

吸附质	V_s/(cm^3/g)
苯	0.281
四氯化碳	0.270
氯仿	0.282
环己烷	0.295
重氢氧化物	0.302
乙醇	0.300
乙基碘	0.295
正己烷	0.308
对氧氮乙烷	0.282
正辛烷	0.278
$(IsoPr)_2O$	0.290
三甲胺	0.300
水	0.302
甲苯	0.272

若等温线 FGH 区代表液体吸附质充满了所有的孔，则沿 FGH 平台的吸附量以液体体积表示（用标准状态的液体密度计算）时，所有吸附质在某一多孔固体上的吸附量都应该是相同的。这一预言包含在 Gurvitsh 多年前所作的归纳中，通常称之为 Gurvitsh 规则。

后来的文献表明，对于给出Ⅳ型等温线的吸附系统，Gurvitsh 规则一般是可靠的，误差只有百分之几。典型例子见表 6.1。表中所列吸附质的物理化学性质差别很大，但饱和吸附量与平均值的偏差都小于 6%。Gurvitsh 规则的这种广泛适用性有力地支持Ⅳ型等温线与毛细凝聚有关这种假设。几乎没有必要强调：为了检验实验数据与 Gurvitsh 规则的相符程度，吸附等温线应该如图 6.2 中那样，相应于孔被完全充满的平台（FGH）能够确定。图 6.3 中的等温线就难以确定平台，毫无疑问，这就是实验数据与 Gurvitsh 规则并不严格一致的部分原因。

为了检验中孔孔性与Ⅳ型等温线之间的关系，已经采用比较非孔粉末压片前后吸附等温线的方法做了许多工作。压实过程产生的孔是原始粉末粒子间的间隙，这样的孔的尺寸倾向于与构成粒子的尺寸数量级相同。可以把这样的孔划入中孔范围。

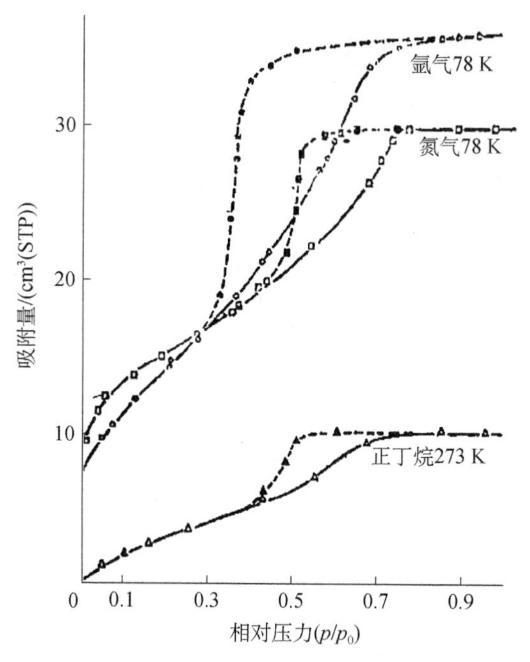

图 6.2　氩气（78 K）、氮气（78 K）和正丁烷（273 K）在多孔玻璃上的吸附等温线

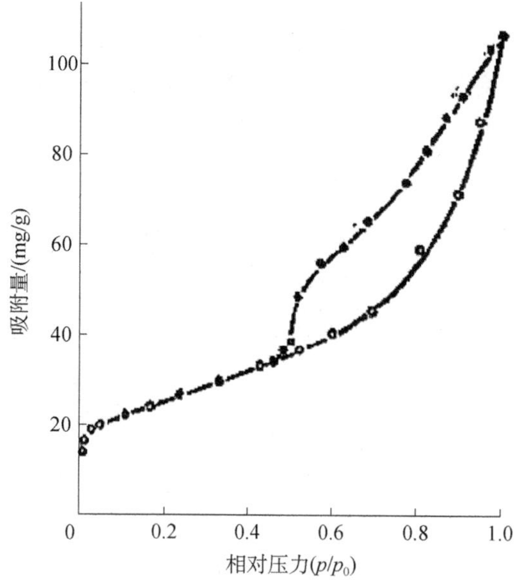

图 6.3　氮（77 K）在多水高岭土上的吸附等温线

Carman 和 Raal 研究了 CF_2C1_2 在氧化硅粉末上吸附，Zwieteriny 研究了氮在氧化硅小球上吸附，Kiselev 研究了己烷在炭黑上吸附以及最近 Gregg 和

Langford 研究了不同压力压成的氧化铝小球上的氮吸附等，这都为理论提供了实验论证。

在所有的情况下，松散粉末得到的等温线都是十分确定的Ⅱ型等温线，而压片样品的等温线都变成同样明确的Ⅳ型线，而且滞后回线的吸附、脱附两条分支都处于未压实样品的等温线之上。但是，滞后前区几乎不受影响（参见图 6.4）。所有这些结果以及一些类似的实验都清楚地证明，有中孔存在会引起吸附量增加。对于这种吸附量的增加，毛细凝聚的假设提供了最合理的解释。更严密的研究表明，在滞后回线起点之前Ⅳ型等温线就向上弯，这表明吸附量增加但并不伴有滞后作用发生。

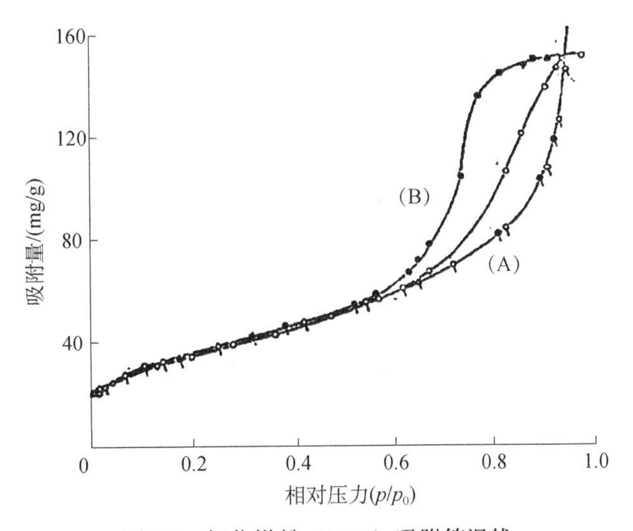

图 6.4　氧化镁粉（77 K）吸附等温线

6.2　滞后回线的类型

文献中报道的滞后回线有多种形状。de Boer 在 1958 年最先提出的分类已证明是有益的。但是后来的经验表明，他分类中的 C、D 两种类型在实践中极难发现，而且其 B 型回线的闭合也从来不以饱和压力下的垂直线段为特征。因此，图 6.5 的修正分类中删去了 de Boer 的 C、D 两种类型，B 型的高压端也重新勾画。E 型的命名在文献中已经得到证实因而保留下来，这样一来，只不过是切断了 de Boer 原先分类中的字母顺序。

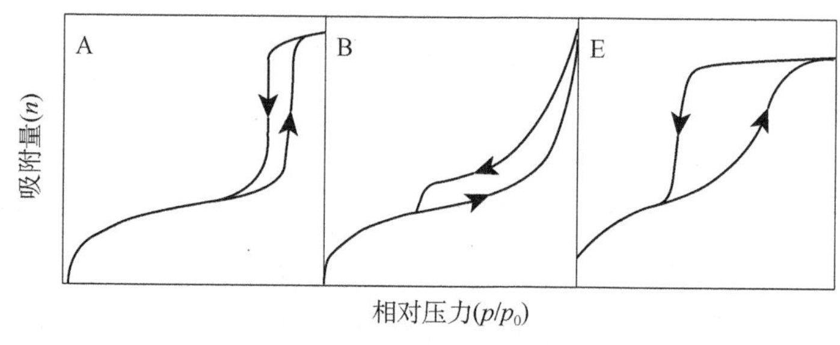

图 6.5　滞后回线的类型

6.3　毛细凝聚与 Kelvin 方程

在 6.1 节中曾经指出，中孔固体的研究与毛细凝聚概念及其定量表达式 Kelvin 方程是紧密联系的。的确，这个方程实际上是最近七十年内出现的所有各种由Ⅳ型等温线计算孔径分布方法的基础。正确应用 Kelvin 方程能够获得中孔固体孔系统的资料，而这些资料是用其他方法所得不到的。但是，熟知了 Kelvin 方程的热力学基础方面的限制就可充分明确该方程应用于计算实际孔尺寸时必须引入各种假设。因此，通过 Kelvin 方程的推导讨论有关参数是适宜的。

Kelvin 方程和所有的热力学关系式一样，可以用几种方法推导。由于毛细凝聚的发生与液体弯月面的曲率有密切联系，所以从 Young-Laplace 方程开始讨论是有帮助的。Young-Laplace 方程关联了液气界面两对侧面上压力之间的关系。

6.3.1　Young-Laplace 方程

设想液体 α 和蒸气 β 之间弯曲界面的一个小单元，它有两个曲率半径 r_1 和 r_2（图 6.6）。这两个半径是取两相互垂直面来确定的，每一个面都从固体表面上的一点法向垂直地穿过去。在所讨论的整个表面上两个半径都取作常数。

设表面以小距离 dz 代替，表面积的变化为

$$dA = (x + dx)(y + dy) - xy$$

若忽略 dxdy，则

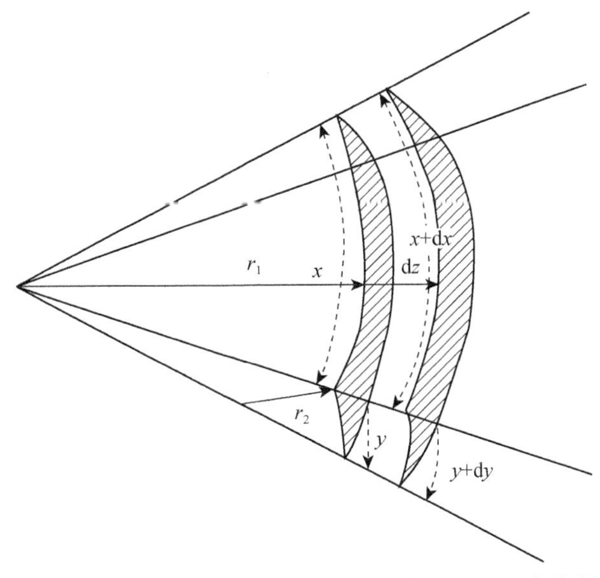

图 6.6　液体(α)–蒸气(β)界面的一小部分（有 r_1 和 r_2 两个曲率半径）

$$dA = xdy + ydx \tag{6-2}$$

因为假设系统处于平衡状态，所以作小的位移时所做的总功为零。这样，表面膨胀时做的功必定等于过剩压力 $p^\beta - p^\alpha$ 下蒸气膨胀所提供的功。前者为 γdA 或 $\gamma(xdy+ydx)$，后者为（$p^\beta - p^\alpha$）$xydz$，因为体积的增量为 $xydz$，所以，

$$\gamma(xdy + ydx) = (p^\beta - p^\alpha)xydz \tag{6-3}$$

比较图 6.6 中的相似三角形，给出

$$\frac{x + dx}{r_1 + dz} = \frac{x}{r_1} \tag{6-4}$$

所以，

$$dx = \frac{x}{r_1}dz$$

同样

$$dy = \frac{y}{r_2}dz$$

代入方程（6-3），即得 Young-Laplace 方程

$$p^\beta - p^\alpha = \gamma\left(\frac{1}{r_1} + \frac{1}{r_2}\right) \tag{6-5}$$

另一种形式是

$$p^{\beta}-p^{\alpha}=\frac{2\gamma}{r_{\mathrm{m}}} \tag{6-6}$$

式中，r_{m}为平均曲率半径，由下式绘出

$$\frac{1}{r_1}+\frac{1}{r_2}=\frac{2}{r_{\mathrm{m}}} \tag{6-7}$$

因为表面的曲率为

$$C^{\alpha\beta}=\frac{2}{r_{\mathrm{m}}}=\frac{1}{r_1}+\frac{1}{r_2} \tag{6-8}$$

关系式（6-6）可以改写成下式

$$p^{\beta}-p^{\alpha}=\gamma C^{\alpha\beta} \tag{6-9}$$

6.3.2 Kelvin 方程

现在我们来研究毛细凝聚过程。对于与蒸气（β）处于平衡状态的纯液体（α）而言，力学平衡条件为方程（6-6），物理化学平衡条件为

$$\mu^{\alpha}=\mu^{\beta}$$

式中，μ为化学势。

若在恒定温度下从一种平衡状态移向另一种平衡状态（“平衡移动”），则有

$$\mathrm{d}p^{\beta}-\mathrm{d}p^{\alpha}=\mathrm{d}\left(2\gamma/r_{\mathrm{m}}\right) \tag{6-10}$$

及

$$\mathrm{d}\mu^{\beta}=\mathrm{d}\mu^{\alpha} \tag{6-11}$$

共存的每一项都服从 Gibbs-Duhem 方程，所以

$$s^{\alpha}\mathrm{d}T+V^{\alpha}\mathrm{d}p^{\alpha}+\mathrm{d}\mu^{\alpha}=0 \tag{6-12}$$

$$s^{\beta}\mathrm{d}T+V^{\beta}\mathrm{d}p^{\alpha}+\mathrm{d}\mu^{\beta}=0 \tag{6-13}$$

式中，s^{α}、s^{β}和V^{α}、V^{β}分别为两相的摩尔熵和摩尔体积。

在恒定温度下，由方程（6-11）、方程（6-12）和方程（6-13）导出简单关系式：

$$V^{\alpha}\mathrm{d}p^{\alpha}=V^{\beta}\mathrm{d}p^{\beta} \tag{6-14}$$

因此得

$$\mathrm{d}p^{\alpha}=\frac{V^{\beta}}{V^{\alpha}}\mathrm{d}p^{\beta} \tag{6-15}$$

这样，方程（6-10）可以改写为

$$\mathrm{d}\left(\frac{2\gamma}{r_\mathrm{m}}\right)=\frac{V^\alpha-V^\beta}{V^\alpha}\mathrm{d}p^\beta \tag{6-16}$$

因为与蒸气的摩尔体积相比，液体的摩尔积 V^α 很小，再设蒸气具有理想气体性质，则方程（6-16）变为

$$\mathrm{d}\left(\frac{2\gamma}{r_\mathrm{m}}\right)=-\frac{RT}{V^\alpha}\frac{\mathrm{d}p^\beta}{p^\beta} \tag{6-17}$$

或

$$\mathrm{d}\left(\frac{2\gamma}{r_\mathrm{m}}\right)=-\frac{RT}{V^\alpha}\mathrm{d}\ln p^\beta \tag{6-18}$$

在（r_m，p）与（∞，p_0）范围内积分上式，即得

$$\frac{2\gamma}{r_\mathrm{m}}=\frac{RT}{V_\mathrm{L}}\ln\left(\frac{p_0}{p}\right) \tag{6-19}$$

或

$$\ln\frac{p}{p_0}=-\frac{2\gamma V_\mathrm{L}}{RT}\frac{1}{r_\mathrm{m}} \tag{6-20}$$

式中，$V_\mathrm{L}(=V^\alpha)$为液体吸附质的摩尔体积（下同），p_0 为相应于 $r_\mathrm{m}=\infty$时吸附质的饱和蒸气压。

习惯上将方程（6-20）称为 Kelvin 方程。在积分（6-18）式时实际假定 V^α 与压力无关，即假定液体是不能压缩的。

由 Kelvin 方程可见，在凹形弯月面上的蒸气压必定小于饱和蒸气压 p_0。因此只要弯月面总呈现凹形（亦即接触角<90°），则在小于饱和蒸气压并由孔径 r_m 决定的某个压力 p 下，蒸气将在孔中“毛细凝聚”为液体。

6.4　r_m 与孔径的关系

应该熟知，测定等温线过程中发生毛细凝聚时，孔壁上原先已覆盖了吸附膜，吸附膜厚度 t 由相对压力值决定。因此，毛细凝聚不是直接发生在孔本身，而是发生在孔心上。由 Kelvin 方程最初得到的是孔心尺寸而不是孔尺寸。将 r_m 值转换为孔尺寸要借助于孔模型且要具备关于毛细凝聚物与壁上的吸附膜之间的接触角的知识。θ 值可以用简单孔模型来计算，在已经叙述过的 Zsigmondy 和 Anderson 的开创性工作中，首先采用了圆柱形孔模型。毫无疑问，这是鉴于圆柱形的简单性。

圆柱形孔中弯月面呈球形，所以两个曲率半径相等，因而等于 r_m。由初等几何学可知，孔心半径 r^K 与 r_m 由方程

$$r^{\mathrm{K}} = r_{\mathrm{m}} \cos\theta \tag{6-21}$$

关联。原则上，液体与固体表面之间的接触角可能有 0°到 180°范围内的任何值，具体的值取决于特定系统。实际上，即使像平板上的静止液滴这样的宏观系统，θ 值的准确测定也非常困难。对于中孔之中的液体，值根本不可能直接测定。因此，在应用 Kelvin 方程时，主要是为了简化起见，几乎都采用 θ=0（cosθ=1）。鉴于这一假定的任意性，这一问题引起理论家的注意是并不意外的。

毛细凝聚是由化学势的减小产生的。通常有两个因素可以使吸附质化学势减小：一个因素是固体表面的临近效应（吸附效应），另一个因素是液体弯月面的曲率（Kelvin 效应）。由前面讨论可知，吸附效应应该被限制在距表面几个分子直径的范围以内。只是在超出此距离时，吸附膜才有完全像液体那样的性质，从而使其接触角和体相液相一样变为零。较薄的吸附膜在结构上与体相液体不同，因而应该显示出一定的接触角。

由 Young-Laplace 方程有

$$\gamma^{\mathrm{sg}} = \gamma^{\mathrm{lg}} \cos\theta + \gamma^{\mathrm{sl}} \tag{6-22}$$

式中，γ^{sg} 和 γ^{sl} 分别为固体被吸附膜和体相液体覆盖时的界面自由能，γ^{lg} 为液体的表面张力。因为 γ^{sg} 是吸附量的函数，因此，θ 应该是吸附膜厚度的函数。随着吸附膜达到“吸附效应”消失的临界厚度，θ 减小为零。

在吸附膜与液体弯月面的结合处，吸附质的化学势必定是由孔壁与弯月面的曲率联合作用而产生的。如 Derjaguin 指出，在通常的分析中实际上设吸附膜与弯月面结合处的曲率跳跃式地由 $2/r_m$ 降到零。可是，曲率改变实际上是一个连续过程。Derjaguin 考虑到这种情况提出一个“修正的”Kelvin 方程。但是，此修正方程中有一项难以做数值计算，因而实际意义不大。

近年来，L. R. White 又提出这个问题。他把接触角区分为宏观、微观两种。宏观接触角 θ_c 由距离表面超过 h 时正切于液–气界面的斜率决定。距离固体表面较远时，表面对液体化学势的影响可以忽略。微观接触角 θ_p 由液体与吸附膜边界线处的斜率决定。由此得出结论，当仅仅包含色散力作用时，h 值将小于 1 nm，而且，如果像实际中可能存在的情况那样，微观接触角 θ_p=0，宏观接触角 θ_c 将遵守 Young-Laplace 方程。

Everett 和 Haynes 也就化学势问题进行了讨论，他们强调整个吸附相的扩散

平衡条件，要求相内所有点的化学势相同，因为如前所述，相互作用能随与孔壁的距离而变，为使化学势能够保持不变，其内部压力也必然共同变化。

图 6.7 为势能对距孔壁距离所作的图。对于液体，毛细管足够宽，终点 A 已不受来自孔壁的作用力影响。因为毛细凝聚过程是与蒸气处于平衡的，其化学势（以水平线 GF 表示）μ^0 将低于自由液体的化学势 μ^{01}，在 A 处，凝聚物化学势之差（以垂直距离 AF 表示）完全是由横过弯月面的压降 $\Delta p=2\gamma/r_m$ 引起的，但在距孔壁较近的点，例如 B 点，化学势中增加了来自吸附势能的贡献（以 BG 线表示）。因此，在 B 点，横过弯月面的压降 Δp 必定小于 A 点。所以，弯月面的曲率半径必定是 B 点大于 A 点。

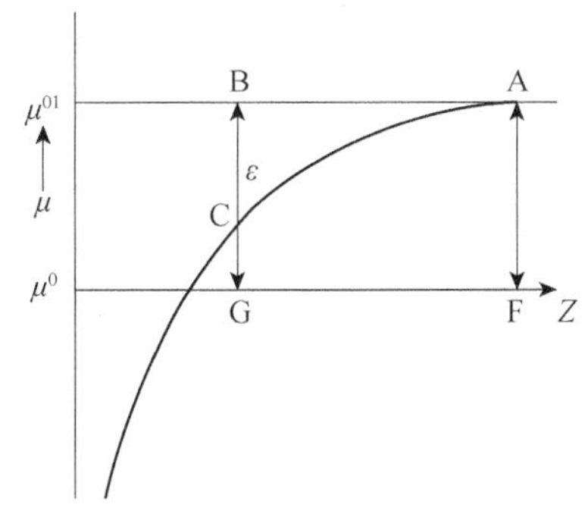

图 6.7　吸引力（ε）和弯月面曲率（V，A_p）对产生毛细凝聚液化学势降低的贡献；μ^{01} 为自由液体的化学势；μ^0 为毛细凝聚液的化学势；Z 为孔壁的距离

在毛细管中点，孔壁对化学势的影响可以忽略，曲率半径将等于由 Kelvin 方程计算的 r_m，但随着与孔壁逐渐接近，r_m 的值会逐渐增大。Broekhoffi 和 de Boer 也强调了化学势这个问题。他们以吸附膜化学势为其厚度 t 的函数这一表达式为基础提出一种分析方法。Everetti 和 Haynes 对 de Boer 的处理方法作过比较详细的讨论。

总之，宏观接触角是一个极为不确定的课题。宏观接触角大概是随覆盖孔壁的驱附膜厚而变化的，宏观接触角随 t 的增加而减小，当 t 达到三四个分子直径时最后变为零。现在还没有直接测定接触角的方法，实际上，在毛细凝聚的文章中几乎都简化假设 $\theta=0$。

6.5　滞后与毛细凝聚的关系

应用 Kelvin 方程由Ⅳ型等温线计算孔径分布时选取等温线的滞后回线区，因为在此区域内发生毛细凝聚。这样一来，对于一定的吸附量就有两个相对压力值。这本身就提出一个问题：将两个不同的相对压力值代入上述方程会得到两个 r_m 值，它们各自的意义是什么？对此问题的任何一种回答都要求研究滞后作用的起源。为此，必须以实际的孔模型为基础来考虑，因为纯热力学方法不能计算两个表观平衡位置。

在低于饱和蒸气压的任何一个压力下，若无固体表面存在，蒸气就不能形成液相，因为固体表面起着（过程的）成核作用。在孔内，吸附膜起成核作用，当相对压力达到 Kelvin 方程所决定的数值时，在此核心上就能发生凝聚作用。当其逆过程蒸发时，不会有成核作用问题。蒸发时已经有液相，一旦压力足够低，从弯月面上面就自发地发生蒸发。因为蒸发与凝聚并不是严格地相互可逆的，滞后作用就能够产生。这些想法将参照许多简单孔模型来加以说明。这些简单模型有圆柱型、平行板缝隙型、楔型和相互接触的球与球间的空腔。

虽然这些模型毕竟是理想化的模型，但与实践中发现的实际系统是相当接近的。用这些模型就能够从一定的Ⅳ型等温线得到固体吸附剂孔结构的有用结论。为使讨论简化，设 $\gamma V_L/RT=K$ 使 Kelvin 方程简化。偶尔也应用 Kelvin 方程的指数形成：

$$p/p_0 = \exp(-2K/r_m) \tag{6-23}$$

首先来考虑一端，即 B 端闭合的圆柱体（图 6.8（a））。在 B 端开始毛细凝聚形成平球型弯月面；r_1 和 r_2 相等并因此等于 r_m，r_m 本身又等于孔心半径 r^k。因此，在相对压力$(p/p_0)_1=\exp(-2K/r^k)$时发生毛细凝聚，并充满整个孔。在 A 端半球形弯月面处开始蒸发过程，在同一压力$(p/p_0)_1$下蒸发过程是连续的，所以没有滞后作用。若圆柱体是两端敞开的，情况就不同了。因为发生凝聚作用时有圆柱体壁上的吸附膜起成核作用。此时，弯月面为圆柱形，因此 $r_1=r^k$，$r_2=\infty$，由上述方程有 $r_m=2r^k$，在相对压力$(p/p_0)_{ads}=\exp(-2Kr_m)=\exp(-K/r^k)$下发生凝聚将孔完全充满（此过程是自发进行的，因为随着凝聚过程的进行，孔心半径相应减小，平衡压力下降到越来越低于实际压力）。在完全充满的孔中，从每端的圆柱形弯月面都可以发生蒸发，在相对压力为

$$(p/p_0)_{ads} = \exp(-2K/r_m) = \exp(-2K/r^k)$$

时，孔心本身也被蒸发空了。正如首先提出此模型的 Cohan 曾指出的那样，凝聚和蒸发是在不同的相对压力下发生的，因此有滞后作用。若选用滞后回线的脱附支由标准 Kelvin 方程计算一定吸附量下的 r_m 值，将等于孔心半径。但若选用滞

后线的吸附支计算，则 r_{m} 值将等于孔心半径的 2 倍。当然，事实上两个 $r^{\text{中}}$ 值相等是很难发生的。

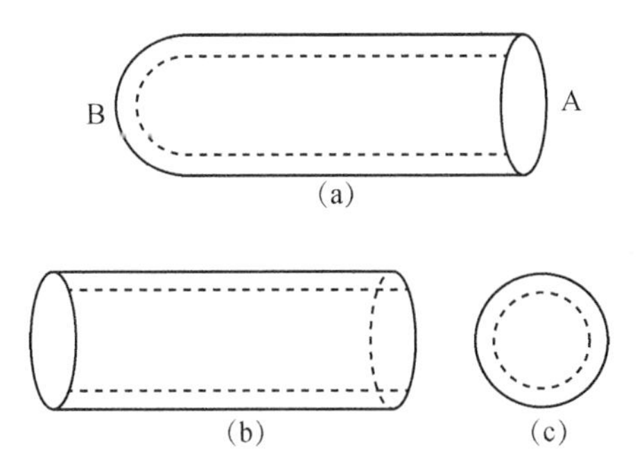

图 6.8　圆柱形孔中的毛细凝聚：（a）一端封闭的圆柱体；毛细凝聚和蒸发时，弯月面均为半球形；（b）和（c）两端敞开的圆柱体，毛细凝聚时弯月面为柱面形；毛细蒸发时，弯月面为半球形（虚线代表吸附膜）

在研究滞后作用的发展过程中，作为圆柱孔模型的变形“墨水瓶”模型曾起过突出作用。“墨水瓶”为一端闭合的圆柱形孔，另一端为一狭窄的颈部（图 6.9（a））。由于瓶体孔心半径 r_{w} 大于或小于两倍瓶颈孔心半径 r_{n}，将产生不同的情况。瓶底 B 处，在相对压力$(p/p_0)_1=\exp(-2K/r_{\mathrm{w}})$时，吸附膜的成核作用产生半球形弯月面，但在瓶颈中的弯月面起点必然是圆柱形，形成此圆柱形所需的压力为$(p/p_0)_2=\exp(-K/r_{\mathrm{n}})$。若 $r_{\mathrm{w}}/r_{\mathrm{n}}<2$。则$(p/p_0)_1$ 比$(p/p_0)_2$ 低。因此，在相对压力 $\exp(-2K/r_{\mathrm{w}})$下，将从 B 处开始凝聚并将充满包括瓶体和瓶颈的整个孔体积。当相对压力$(p/p_0)_3=\exp(-K/r_{\mathrm{n}})$时，从瓶颈中的半球形弯月面开始整个孔系统的蒸发过程，因为此时压力已经低于由瓶体蒸发的平衡压力值$(p/p_0)_1$，所以蒸发过程要一直持续到瓶体体心倒空为止。这样一来，由滞后回线吸附分支计算得到的是瓶体孔心半径值，由滞后回线脱附支计算得到的是瓶颈孔心半径值。

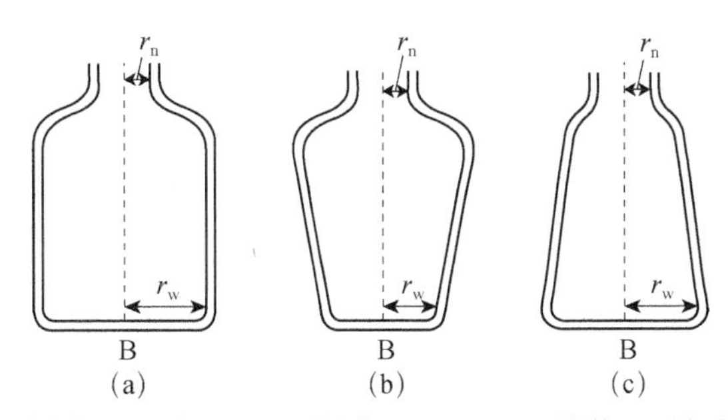

图 6.9　“墨水瓶”形孔；（a）圆柱体；（b），（c）锥体，颈部均为圆柱形

在相反的情况下，$r_w/r_n>2$，$(p/p_0)_1=\exp(-K/r_n)$将低于$(p/p_0)_2=\exp(-2K/r_n)$。因此，当瓶颈中发生凝聚，但在压力升至$(p/p_0)_1$以前，凝聚过程不能扩展到瓶体中。蒸发的情况和前面相同：当压力$(p/p_0)_3=\exp(-2K/r_n)$时，孔心完全倒空，因此出现滞后现象。

假如墨水瓶为锥体（图 6.9（b）、（c）），孔的充满和倒空方式将取决于比值$r_m:r_w$和$r_n:r_w$。其中，r_m为瓶体最窄端的孔心半径，r_w为瓶体最宽处的孔心半径。用已经叙述过的一般原则不难分析这些典型情况。然而，如 Everett 指出的那样，将孔比作细颈墨水瓶的这种类比是过分特殊了，实际的孔更可能是一系列交叉的孔空间而不是彼此分立的墨水瓶。de Boer 以及 Everett 对这种孔中的毛细凝聚和蒸发过程已经做过研究。

锥形孔和楔形孔比较简单，它们不产生滞后作用。在锥底或楔子两面相交处的顶点，弯月面形成球形（对于锥形孔）和圆柱形（对于楔形孔），在这两种孔系统中，蒸发过程是凝聚过程的精确可逆，因此不产生滞后作用。

许多的多孔固体是由球形粒子构成的，每一个粒子都有两个或两个以上的近邻粒子。为了讨论在这种固体中的毛细凝聚和蒸发，采用由相等大小的小球并以某种密堆积方式构成的简化模型。在如图 6.10（a）的孔中，连接球间空隙的吸附膜形成一个环面，它起着凝核的作用。随着压力增加，环面向内扩展直到合口为止。因此，半径为r_e的环形空腔将突然被充满，此时相对压力为$\exp(-2K/r_e)$。当吸附物从充满的孔中脱附时，情况与墨水瓶孔有些类似。此时，从空腔小孔（窗口）中的半球形弯月面上开始蒸发，在相对压力为$\exp(-2K/r_f)$时，空腔跳跃式地倒空（此处的r_f为小孔的内切圆半径）。因为$r_f<r_e$，所以有滞后现象。等温线的一般形状如图 6.10（b）所示。

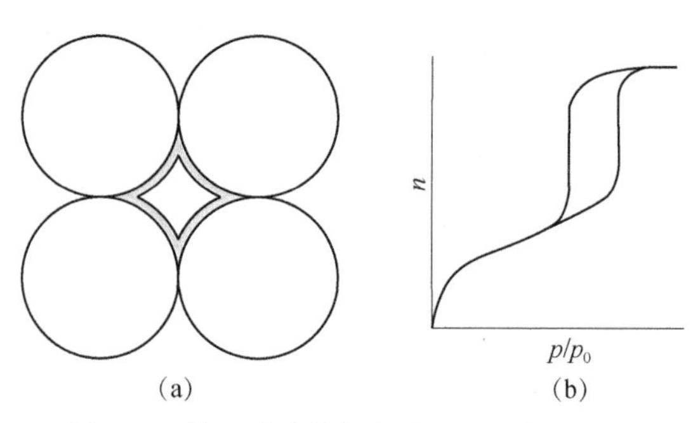

图 6.10　等尺寸球粒紧密堆积形成的空隙孔

（a）毛细凝聚前形成的吸附膜；（b）理想化的吸附等温线

近年来，研究者突出了对缝隙形孔模型的研究。如电子显微镜的研究表明，这类固体通常是由板状粒子组成的。的确，当今的技术已经发展到可以鉴定缝隙形孔的水平，甚至可以测量缝隙孔的宽度。理想情况下板的两侧均为平面并且是相互平行的。在这种情况下滞后作用是一种极端形式：因为板的曲率是无限的，在低于饱和压力的任何压力下都不能发生毛细凝聚。当相对孔壁上的吸附膜厚增加至 $d^{k}/2$（d^{k} 为缝隙孔心宽度），两侧吸附膜相遇时孔就被吸附质充满。只要孔宽超过几个分子直径，吸附质的状态与液体状态就不能分辨了。在相对压力为 $\exp(-2K/d^{k})$ 下，从画柱形弯月面开始蒸发，蒸发过程一直持续到相应于孔完全倒空的压力为止。所以，填充和倒空的机理是完全不同的。填充时形成多层，倒空则是毛细蒸发。当然，实际上又仅因为缝隙宽度有一个分布范围，而且板也并非严格平行或真正为平面，所以有一些板会与邻近的板相接触形成楔形孔。并且，吸附剂常常是非刚体，而当吸附时缝隙宽度增加、脱附时缝宽度减小，当然，这种增加和减小不是可逆的。因此，实际上的滞后回线为 B 型。最后始终要记住，取 $\theta=0$ 只是一种简化假设。原则上，毛细凝聚时接触角并不为零，当吸附膜有显著的定位度时尤其可能是这样的，吸附膜中分子的排列次序与体相液大不相同，而且，吸附脱附时吸附膜的分子排列次序也是不同的，因为脱附时吸附膜有部分液体凝聚物。然而，鉴于这个理论问题难以作定量处理，用毛细凝聚数据计算孔径分布时，忽略了取 $\theta=0$ 这一简化假设带来的误差。

6.6　用 Kelvin 方程计算孔径分布

很久以前人们就已经认识到，由多孔固体Ⅳ型等温线的毛细凝聚区，可以计算孔径分布的可能性。在 Foster 的开创性工作中忽略了孔壁上的吸附量，因此，对于等温线上的任何一点（n_1, p/p_0），半径从 r_m 到 r_{mi} 的全部孔的体积 V^{p} 为 n_1V_L。因为采用圆柱体孔模型，取 r_m 等于孔半径 r^{p}。以 V^{p} 对 r^{p} 作图立即得到孔径分布曲线，亦即以 dV^{p} 对 dr^{p} 画出的曲线。用现代术语来表达，这样的结果是孔心分布而不是孔本身的半径分布。

Foster 忽视了吸附膜的作用是不可避免的，因为当时缺乏有关膜厚的任何可靠资料。事实上，如简要说明的那样，现在已经认识到吸附膜对计算结果的影响远不是可以忽略的。然而，因为所有的孔径分布计算法都需要决定所研究范围的上限，所以首先讨论这个问题。选择计算上限的精确数值必然带有几分任意性。一般取相对压力 p/p_0=0.95，此值相应于 r^p=20 nm（圆柱形孔），但偶尔也采用较低的数值 p/p_0=0.90（r^p=10 nm）。上述两种上限的差别并没有多大意义，因为在许多孔系统中半径大于 10 nm 的孔体积实际上是相当小的。不管怎样，在此范围内 Kelvin 法都已开始失去其准确性，而压汞法则更有吸引力。

对于在相对压力 p_i/p_0 下开始充满的孔系统，随着相对压力递降至 p_1/p_0，p_2/p_0，…，相应地发生吸附质逐步倒空，我们可以通过这一过程来认识吸附膜作用的重要性。把孔分为 1, 2, … 组，相应的相对压力为 p_1/p_0，p_2/p_0，…，并有相应的 r_m 值（在该孔组内 r_m 取作常数）。当相对压力降到 p_1/p_0 时，第一组孔失去毛细凝聚物，但仍在孔壁上保留有厚度为 t 的吸附膜。因为毛细蒸发液体量为 n_s-n_1，第一组孔的孔心体积 δV_1^k 即为$(n_s-n_1)V_L$，其中 n_s 和 n_1 分别为这一阶段开始和结束时的吸附量，V_L 为液体吸附质的摩尔体积。与孔心体积 δV_1^k 相应的孔体积为 $Q_1\delta V_1^k$，Q 是将孔心体积转换为孔体积的计算因子，也是孔形和吸附膜厚的函数。

当相对压力降至 p_2/p_0 时，第二组孔失去其毛细凝聚物。此外，由于第一组孔壁上的吸附膜厚由 t_1 降至 t_2 也会脱附出一些吸附质。同样，当相对压力再降至 p_3/p_0 时，吸附减量（n_2-n_3）中也包含来自前两组孔壁（由于膜厚由 t_2 减小到 t_3）的贡献，此外还有第 3 组孔心中失去的毛细凝聚物的量。在每一步中吸附量的这种迭代组合性使孔径分布的计算复杂化了。

在 Foster 的开拓性工作中忽略了由于吸附膜变薄应该作的校正，而用后来的 BET 法和有关的比表面测定法就可以估计孔壁上的吸附膜厚度了。已经提出了许多孔径分布计算法，这些方法都考虑到了吸附的贡献。但是，这些方法计算冗长，而且都采用了某种孔模型的假定，计算时必须注意其细节。Brumauer 及其同事的“无模型”法是一种延迟到计算的最后一步才引入孔模型的尝试。计算过程的基础是，假设中孔系统完全充满的点由于相对压力分段降低而逐渐倒空。对于具有 A 型或 E 型滞后回线的等温线，常取 $0.95p_0$ 为起点开始计算。

可以选择等温线上的相继各点为计算阶段，而实际上更方便的方法是将脱附过程分为许多标准阶段。当然，无论以相对压力分段还是以孔半径分段，吸附量都是相对压力的函数。每一阶段的 i 所给出的吸附量必须换算为液体体积 δV_i。在一些计算方法中把这种换算放到计算的最后一步。但是在概念上要了解这至多是一种换算而已。如前所述，计算任务变为：①计算由于吸附膜变薄带来的贡献 δV^f，并由此得到与平均孔心半径 r^k 相联系的孔心体积 $\delta V^k(\delta V^k=\delta V_i-\delta V^f)$；②将孔心体积换算为相应的孔体积 δV_p，并把孔心半径换算为平均孔半径 r_p。①和②两步都要以孔形模型为条件。鉴于圆柱形简单，普遍选用为孔模型。但是，缝隙形模型正日益被采用，在这种模型中原级粒子为板状，孔是相接触的粒子间的空腔。

孔径分布计算中已经提出了各种方法来修正 δV^f。其中一些涉及孔长和孔壁面积，一些仅包含孔壁面积。还有一些方法却避免直接涉及孔长或孔壁面积。迄今，实际上所有的计算方法都只限于氮吸附的情况。

下面将叙述从较为丰富的文献中选出来的几种计算方法，叙述时未按提出方法的时间顺序。

无论取哪一种模型都要知道 t 值，r^k 和 r^p 都直接间接地与 t 值有关，而且都是 p/p_0 的函数。如果需要，可以用作图内插法得到足够准确的中间 t 值，相应的 r^k 值则由 Kelvin 公式计算。参照最通用的圆柱形模型，$r^p=r^k+t$。表中的 t 值来自氮在羟基化氧化硅上的标准等温线。虽然这些值随物质的不同有些差别，但对孔径分布计算所产生的影响是相当小的。

在详细计算之前还必须考虑滞后回线分支的选择问题：用吸附支还是用脱附支来进行计算。虽然，计算方法的基础是形象地认为脱附是从完全充满的孔系统中开始的。但是，这种看法纯粹是为了概念上的方便。从数学上考虑，无论用滞后回线的哪条分支进行计算都同样可靠。但是，如前所述由于常常包含一些自发过程，所以吸脱附支都不代表热力学平衡。也正如 Everett 和 Karnaukhov 指出的，不论以后的过程是否可逆，在某压力下出现的不稳定性是由接受弯月面曲率的不稳定支配的。因此，自发过程本身不应该成为不能应用 Kelvin 方程的理由。然而，由滞后回线的两个分支计算的结果，其意义当然是不同的。当孔系统像常常发生的情况那样是由不同孔形组成的网络时，孔径分布曲线的解释就可能特别困难了。

由于与球粒组成有关的实际固体日益增多，所以堆积球模型日益受到注意。应用上述的一般原则即可对堆积球间的空隙形成的孔系统作孔径分布计算。为此必须作简化假设：所有的球大小相同、整个集合体有相同的配位数 N（N 为与每个小球相接触的相邻小球数）。计算过程必然是复杂的，必须仔细地把多层形成、毛细凝聚为小球接触点周围的振动环和在小球间的空腔中凝聚等过程区分开来。Dollimore 和 Heal 对两种硅胶的氮吸附等温线做过这种计算。其中一种为中等大小的孔（分布峰值为～8.5 nm），一种为窄孔（分布峰值为～1.7 nm），计算时均用吸附支。计算表明有几点是有意义的：①无论是否校正振动环（环面校正），分布曲线都非常相近；②配位数 N 在 4～8 变化对分布曲线的影响很小；③与用简单圆柱体模型得到的分布曲线很难区别。Havard 和 Wilson 在对 Gasill 的详细研究中，事实上证实了这些发现。Gasill 是前述过的测定比表面积的标准物质。他们用滞后回线（A 型）吸附支计算得到的结论认为，采用这种比开口圆柱体更复杂的模型优点并不多。

6.7 Kelvin 方程有效性范围

6.7.1 曲率效应

人们早就认识，在宽度有几个分子直径的非常细的孔中，Kelvin 方程在非常细的孔中是不十分严格可靠的，不仅仅表面张力 γ 的数值和摩尔体积 V_L 的数值都与体相液体吸附质不同，甚至连弯月面的概念最终也将失去意义。关于在非常细的孔中曲率要与体相液体的值偏离多大才足以对孔径分布计算产生显著影响，这是一个不易准确回答的由来已久的问题。γ 和 V_L 的直接实验测量，由于所涉及的维度微小而被放弃了，因而必然要借助于间接法。Guggenheim 根据统计力学得出结论，当孔半径降至～50 nm 以下时，表面张力必然开始依赖于液体表面的曲率半径。Melrose 扩展了 Willard Gibbs 的分析，从而导出 γ/γ_∞ 作为曲率半径的函数表达式，其中，间接包含界面区厚度。Melrose 论文中的曲线如图 6.11 所示。Melrose 的基本假设是界面区的厚度为 4～6 个分子直径，这一假设可以认为是合理的。如图 6.11 所示，当降至约 50 nm 以下时，表面张力开始显著偏离其“体相”值 γ_∞；r =10 nm 时，γ 已经超过 γ_∞ 10%，r=2 nm 时，超出 30%。把这些 γ 值代入 Kelvin 方程，将使 r_m 值增大同样比例。所以，修正的 r_m 应分别为 11 nm 和 2.7 nm。

Chang 及其同事应用统计力学而不是热力学方法对五种不同吸附质——氮、氩、苯、环己烷和水进行了计算。例如，氮吸附时，求得 r=14.8 nm，γ/γ_∞=1.05；当 r=2 nm 时，γ/γ_∞ 升至一高值：1.49。这些不同的计算表明，对于大多数孔径分布计算范围，实际的 γ 值与标准 γ 值是显著不同的。用表面张力的修正值计算

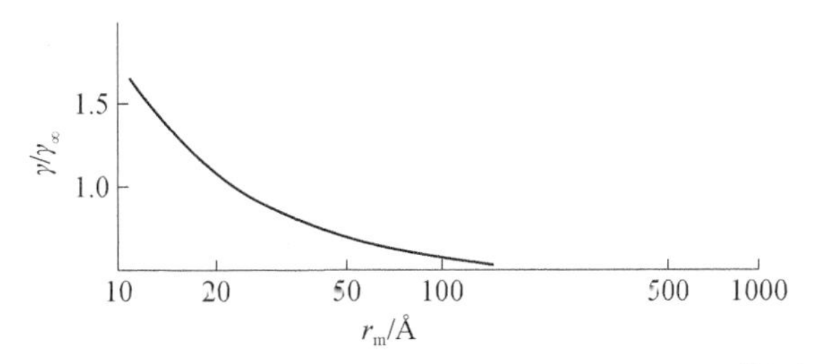

图 6.11　弯月面曲率对表面张力的影响，γ/γ_∞对 r_m 作图

γ：平均曲率半径为 r_m 的弯月面的表面张力，γ_∞：液体平面上的表面张力，$\gamma/\gamma_\infty=1-\Delta\lambda r_m$（$\Delta\lambda$=0.3 nm）

时，将使 r_m 的计算值按 γ/γ_∞的增加而增大。然而，计算孔径分布时引入这种修正的时机大概尚未成熟，无论是以经典热力学还是以统计力学为基础，所作的分析都是应用于所含分子数目相当少的系统。正如 Everett 和 Haynes 强调的那样，此时问题的性质必然显示广泛的涨落。要对非常细的孔中的这种情况作更完全的定量分析，必须等待小系统热力学的发展。同时，已经认识到下述结论是正确的，即在中孔范围的下限，r_m 的计算值是太低了，而且几乎低于平均值。

6.7.2　抗拉强度效应

1965 年，Harris 注意到这样一个事实：氮（77 K）的滞后回线的下端闭合点常常位于相对压力 0.42 附近，而且从来也不会更低。Harris 调查了一百多条氮吸附等温线，其中有一半等温线在相对压力为 0.42～0.50 的范围内吸附量急剧下降，同时滞后回线闭合。用 Kelvin 方程解释这些观察结果意味着大部分吸附剂在非常窄（1.7 m$<r<$2 nm）的孔径范围内具有广阔的孔系统，而这种系统在相应于 p/p_0=0.42 的 1.7 nm 附近突然中断。考虑到这种情况的不可能性，Harris 认为在这一点上吸附机理发生了改变，而他对机理的本质没有作出判断。

基于这种情况，用比较实验得到的证据具有特别意义。图 6.12 表示 Avery 和 Ramsay 得到的氧化硅粉末及其压片的氮吸附等温线。由图可见，随着压片压力的增加，滞后回线渐渐向左移动，但与其下端闭合点相应的相对压力总是在～0.40 以上。Avery 和 Ramsay 以及 Gregg 和 Langford 用压实的氧化锆粉末也得到类似结果：滞后回线的下端闭合点逐渐移至 p/p_0 的 0.42～0.45 处，但是不再更低。中孔氧化镁（水合碳酸盐分解产物）在 920 MN/m^2（60 ton/in^2）压力下压实前后闭合点的位置几乎都在 p/p_0～0.42 处。同样，用 $Mg(OH)_2$ 热脱水制得的氧化镁压片，其滞后回线下端闭合点要高一些，但从不低于 p/p_0～0.42。

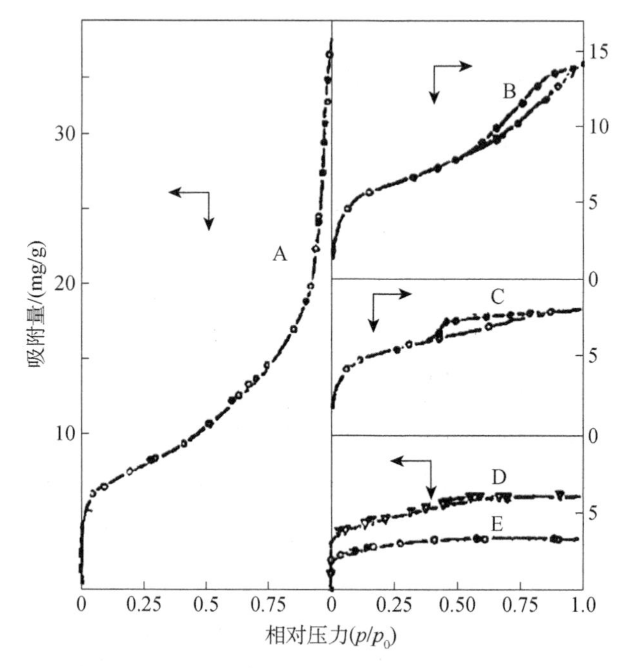

图 6.12 氧化硅粉末及其压片的氮吸附等温线

A 为未压实的松散粉末；B、C、D、E 分别为加压 154 MN/m^2、651 MN/m^2、770 MN/m^2、1540 MN/m^2 制备的压块

对于其他吸附质，实验证据虽不如氮气那样丰富，但是都支持这样的观点，即在一定温度下，下端闭合点从来也不在临界相对压力以下，而临界相对压力是吸附质的特征。比如，Dubinin 指出，298 K 下苯的吸附：活性炭上为 0.17；Everett 和 Whitton 得到的值约为 0.19；此外，在氧化铝凝胶上为 0.20～0.22，在硅钼酸铵上为 0.17～0.20。在许多固体上，四氯化碳在 298 K 下吸附时在 0.20～0.25（p/p_0）处有一下端滞后回线闭合点，这些固体包括脱水水铝石、氧化钛、脱水石膏、氧化铁、煅烧蛭石以及压实的磷钨酸铵。

关于这个问题，Hickman 对丁烷（273 K）在球磨人造石墨上的研究结果特别有意义。球磨 1040 h 的石磨按一定的时间间隔取样测定丁烷吸附等温线。在整个球磨期间，单层容量从 2.5 mg/g 增加至 145 mg/g，几乎增加了 60 倍。全部六条等温线都在同一相对压力 0.5 处急剧下降（图 6.13 中的低压滞后作用几乎可以肯定是由泡胀引起的一种外来作用）。长时间研磨必然使孔结构变化很大，这样，所有六个样品的滞后回线下端“闭合”点的常数性就更加明显了。很难找到什么理由来说明为何孔系统在孔径分布曲线的 r_m=1.92 nm 处（相应的 Kelvin 相对压力值为 0.5）都显示出一个峰值。

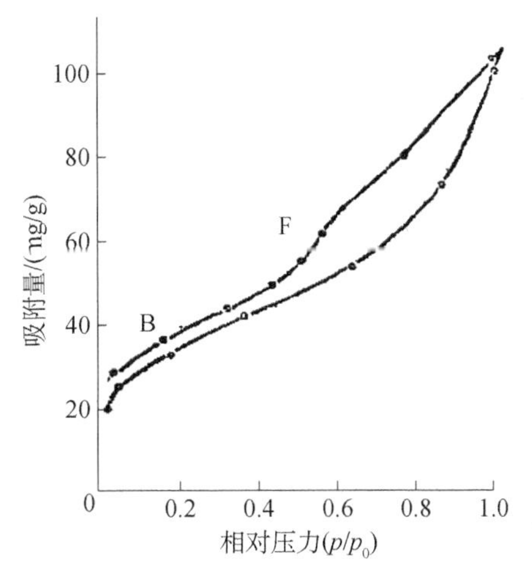

图 6.13　人造石墨（球磨 1040 h）的丁烷吸附等温线

Schofield 在 1948 年时对滞后回线下端闭合点的相对压力有一极小值提出过一种可能的解释。他认为，细孔凝胶的等温线不存在滞后作用可能是由于液体吸附质的抗拉强度。Dubinin、Flood、Everett 和 Burgess、Melrose 都曾经详细研究过这一思想。按照 Young-Laplace 方程，毛细凝聚液体与其蒸气分开的弯月面两侧的压力差，由下列方程给出：

$$p^{\mathrm{g}} - p^{\mathrm{l}} = 2\gamma / r_{\mathrm{m}} \tag{6-24}$$

式中，上标 g 和 l 分别代表气相和液相。因为在所考虑的范围内，p^{g} 比 p^{l} 小得多，所以液体所受到的张力 τ 为

$$\tau = -p^{\mathrm{l}} \tag{6-25}$$

因而又有

$$\tau = 2\gamma / r_{\mathrm{m}} \tag{6-26}$$

但由 Kelvin 方程

$$\frac{2\gamma}{r_{\mathrm{m}}} = -\frac{RT}{V_{\mathrm{L}}}\ln(p / p_0) \tag{6-27}$$

因此有

$$\tau = -\frac{RT}{V_{\mathrm{L}}}\ln(p / p_0) \tag{6-28}$$

所以，张力 τ 随 p/p_0 增加而增加，随 r_{m} 增大而减小。液体能够承受的最大张力等于其抗拉强度 τ_0，与连续存在的毛细凝聚体相适应将有一个最小压力值，比如说此值为$(p/p_0)_{\mathrm{h}}$，由下式给出

$$\ln(p/p_0)_\mathrm{h} = \left(\frac{V_\mathrm{L}}{RT}\right)\tau_0 \quad (6\text{-}29)$$

无论吸附剂本质如何，对于一定的吸附质，在一定温度下此极小值是一常数。因此，存在于由 Kelvin 方程

$$r_\mathrm{m,h} = -\frac{2\gamma V_\mathrm{L}}{RT}\ln(p/p_0)_\mathrm{h} \quad (6\text{-}30)$$

计算的 $r_{m,h}$ 更细的孔中的任何液体，一旦相对压力降至临界值$(p/p_0)_h$时就应该蒸发。这样一来，滞后回线应该在由液体吸附质抗拉强度所决定的相对压力下闭合，至于孔系统是否扩展到比以 $r_{m,h}$ 表征的孔更细的范围，则是无关紧要的。

抗拉强度假设的是最直接的检验，是将用方程（6-29）由等温线的滞后线闭合点计算的 τ_0 值与直接测定的体相液体的抗拉强度作比较。然而，抗拉强度的实验测定是极为困难的。因为存在固体粒子和溶解气体这样一些偶然因素会影响测定结果。所以，文献中报道的抗拉强度值变化很大（例如，298 K 下水的抗拉强度在 9×10^5～2.7×10^7 Pa）。

然而，由流体在负压介稳区的状态方程外推的方法，可以计算抗拉强度。Burgess 和 Everett 在他们全面检验抗拉强度的假设时，以 T/T_C 对 τ_0/p_0 画出理论曲线（τ_0/p_0 由 van der Waals-Guggenheim-Berthelot 状态方程计算；T_0、p_0 分别为临界温度和临界压力），在同张图上作者们还画出了由八种吸附质（其中包括氮）等温线下端闭合点按方程（6-29）计算的 τ_0 值和 τ_0/p_c 值。这些实验数据一般是在几个温度下用许多吸附剂测量的。虽然实验点比较离散，但都落在 van der Waals 方程和 Berthelot 方程计算值所限定的范围内，并且密集于 Guggenheim 方程画出的理论曲线附近。如研究者强调的那样，只有当 τ_0 是一种静压张力，在各个方向上都相等时，方程（6-29）才有效。如果 τ_0 是一种张量，就像在非常窄的缝隙形孔中很可能发生的那样，方程（6-29）就失效了。

Kadlec 和 Dubinin 采用的方法不同，他们用表达分子力的方程计算理论抗拉强度：

$$\tau_0 = (2.06/d_0)\gamma \quad (6\text{-}31)$$

式中，d_0 为体相液体中最近的邻近分子平均距离，d_0 值可由液体密度计算。将式（6-31）代入 $\tau_0 = 2\gamma/r_\mathrm{m,h}$，得关系式：

$$d_0/r_\mathrm{m,h} = 1.03 \quad (6\text{-}32)$$

所有吸附系统都应该遵守这一关系。表 6.2 中列入五种吸附质在硅胶、多孔玻璃

和许多活性炭上的实验测定结果。如表 6.2 所见，除氨水以外，其他吸附质的 $d_0/r_{m,h}$ 值虽然显著偏离理论值 1.03，但彼此间都是相互一致的。然而，鉴于液体状态模型不可避免的粗糙性，Dubinin 和 Kadlec 对于预期数值与实验值之间的一致性还是满意的。

表 6.2　“抗拉强度”假设的检验

	硅胶 d_0/nm	多孔玻璃 $r_{m,h}$/nm	活性炭 $d_0/r_{m,h}$
氩	0.387	1.09～1.19	0.32～0.36
苯	0.560	1.30～1.54	0.36～0.43
正己烷	0.640	1.68	0.38
二甲基甲酰胺	0.537	1.51	0.36
氨水	0.330	1.10～1.55	0.21～0.30

迄今积累的支持抗拉强度假设的证据是令人鼓舞的，但是要充分证明这一假设还必须进一步做工作。特别是对于每一种吸附质在一定温度下吸附都有一个滞后回线下端闭合点的最小相对压力，还需要用除氮以外的多种吸附质进行验证。同时，作为一种有价值的工作假设，它赋予孔径分布计算一个重要含义即 Kelvin 方程不能给出是否存在小于 1.0～1.5 nm（精确数值取决于特定的吸附质和温度）的孔的信息。以氮作吸附质时，若滞后回线下端闭合点为 p/p_0=0.45，r_m 约为 1.13 nm，圆柱孔半径约为 1.78 nm，或者，平行板缝隙宽约为 2.43 nm（精确数值取决于所选择的曲线）。如果发现孔径分布的峰值比 r_m 的临界值稍高，则可能是一种反映了吸附质抗拉强度的人为结果，据此猜测存在更细的孔，必须慎重考虑。

6.7.3　除氮以外的其他吸附质

迄今应用 Kelvin 方程以Ⅳ型等温线计算孔径分布的方法几乎完全限于用氮作附质。这主要反映在广泛应用氮测定比表面积，并且比表面和孔径分布都可以由同一条等温线得到。

显然，人们期望扩展 Kelvin 法的范围，把 Kelvin 方程应用于物理性质（特别是表面张力、摩尔体积、分子形状和大小）不同的各类吸附质。这样，就能更充分地检验 Kelvin 法及其所作假设的可靠性了。同时，用非氮气吸附质测定时有可能改变实验技术。例如，在 98 K 下而不是 77 K 下进行测量。

原则上，如 Karnaukhov 指出的那样，应用一种合适的吸附质，应该尽可能减少 t 校正值的大小，因为校正总会带来一些不准确性。由 Kelvin 方程

$$\ln(p/p_0)=\frac{2\gamma V_L}{RT}\frac{l}{r_m} \tag{6-33}$$

可见 $\gamma V_L/RT$ 值越高，在一定半径 r_m 的孔中发生凝聚的相对压力就越低。因 l 值随 p/p_0 的减小而减小，乍看起来，当由氮改换为 $\gamma V_L/T$ 值（表 6.3）更高的吸附质时，在整个孔尺寸范围内的 t 校正值将自然减小。由此可见，有希望将 Kelvin 法扩展到受氮气吸附实际限定范围（～25 mm）之外的中孔尺寸。然而，事实上，t 由 $t=\theta\sigma$ 给出，此处 θ 为统计分子层数，σ 为一层的有效厚度，θ 本身不仅是 p/p_0 的函数而且也是净吸附热的函数，而 σ 则取决于分子的尺寸和取向。这样一来，如果吸附质的吸附热高、分子尺寸大，那么其高 $\gamma V_L/T$ 值的有益影响，有可能部分地或全部地被抵消。

表 6.3 典型吸附质的 $\gamma V_L/T$

吸附质	T/K	γ/(mN/m)	V_L/(m^2/mol)	$(\gamma V_L/T)$ / (mN·m/(mol·K))
氮	78	8.88	34.7	3.95
氩	87.5	13.20	28.53	4.30
甲醇	293	22.60	40.42	3.12
四氯化碳	293	26.75	96.54	8.81
苯	293	28.88	88.56	8.73

用表 6.4 中正己烷和氮（在炭黑上吸附）的数据可以说明这种情况。虽然正己烷的 $\gamma V_L/T$ 值几乎是氮的两倍，但是当 r^p 为 2nm 时，正己烷的 t 值只比氮的 t 值稍小一点。实际上，当 r^p 为 3 nm、5 nm 和 10 nm 时，正己烷的 t 值还比氮的 t 值大。用四氯化碳（在氧化硅上吸附）时，$\gamma V_L/T$ 也将近是氮的两倍，在较细的孔中，其值比氮的低得多。这是因为 CCl_4 的等温线为III型，所以低相对压力下的吸附量小；然而，在高相对压力下，其吸附量急剧升高，所以其值逐渐与氮的 t 值接近。

表 6.4 对于不同 r^p 值，氮、正己烷和四氯化碳的 t 值

r^p/nm	p/p_0			t/n_m		
	N_2	C_6H_{14}	CCl_4	N_2	C_6H_{14}	CCl_4
2	0.51	0.26	0.32	0.6	0.55	0.24
3	0.67	0.42	0.465	0.7	0.71	0.37
5	0.80	0.605	0.64	0.86	0.98	0.55
10	0.90	0.795	0.815	～1.25	1.52	0.84

选用非氮吸附质测定孔径分布的一个不利因素是目前还缺乏可靠的 t 曲线。在文献中已经发现的像苯、四氯化碳或低级烷烃以及二氧化碳这样的简单无机物在相当数量的排孔吸附剂上的等温线，数量是非常少的。当这些困难得以克服的时候，就会打通高蒸气压吸附质的使用途径，这些吸附质的蒸气压足够高，从而能够在接近室温的温度下测量其等温线。这样就将从本质上减小因泄漏使样品温度升高带来的影响，而这种影响会使饱和蒸气压附近区域的等温线失真。

6.8　以Ⅳ型等温线求比表面积

6.8.1　BET 法

之前叙述过在压实粉末的研究中发现，压片样品的Ⅳ型等温线的滞后作用前部与未加压的粉末样品的Ⅱ型等温线是一致的。由此可以得出结论，BET 比表面积也不因为粉末压实而发生变化，因为 BET 图是由这个部分的数据产生的。例如，在之前的实验中，在 1480 MN/m^2 压力下压实后的氧化铝的 BET 比表面积还有 96 m^2/g，这与未压实的松散粉末的 BET 比表面积 98 m^2/g 比较减小较少。从相邻球粒接触点周围比表面积减小和可及性的观点来看，上述结果是可以解释的。（如硅胶这样比较软的物质，在足够高的压力下，比表面积的减小就很大。）

对此可以得出如下结论，中孔固体的比表面积能够用 BET 法（或由 B 点）测定，具体方法与非孔固体的测定完全相同。无论表面完全是外表面（Ⅱ型等温线）或主要是中孔孔壁的表面（Ⅳ型等温线），单层都是按同一机理形成的。这一点虽然很普遍，但是意义很大。因为固体表面吸附力场随与表面距离的增大而十分快地下降，单层的形成不应该受邻近表面的影响。在中孔中，单层与邻近表面的距离要比分子的尺寸大。Havard 和 Wilson 用中孔硅胶 Gasil Ⅰ 所作的研究已证实由Ⅳ型等温线计算的 BET 比表面积等于中孔比表面积这一结论。这种物质已经被广泛表征，并且被用作测定比表面积的标准吸附剂。硅胶的氮吸附等温线为Ⅳ型，有十分确定的滞后线。滞后线在低于饱和压力的相对压力下闭合。由此等温线计算的 BET 比表面积为（290.5±0.9）m^2/g，比值和由 α_s 图的起始部分斜率得到的值 291 m^2/g 极为一致。由电子显微镜观察可知，Gasil Ⅰ 是由尺寸十分均一的球组成的不规则凝聚物。已经证明，经超声处理“磨去”乙醇膏类物质的方法可能破坏这些凝聚物。由电子显微镜照片得到的球径分布计算的比表面积为 303.7 m^2/g，这个结果与未被分散的凝聚物的 BET 比表面积十分一致，只有氧化硅凝聚体面积的百分之四，也归因于小球粒间的接触面积可能比氧化铝的接触面积大，因为氧化硅是一种比较软的物质。

6.8.2 利用孔径分布计算总比表面积

在前述中叙述过的每一种孔径分布计算法都包含有相应的每一个孔组的孔面积δA_i^{p}。在 Roberts 法中，δA_i^{p}可以按$\delta A_i^{\mathrm{p}}=2\delta_i^{\mathrm{p}}/r_i^{\mathrm{p}}$直接由相应的孔体积和孔半径得到（对于圆柱形孔）。其余三种方法中都有这种重要的计算特点。因此，在整个孔系统范围内加和δA_i^{p}值就能获得累计比表面积$\Sigma(\delta A_i^{\mathrm{p}})$。假如所选择的孔模型完全代表实际孔系统，$\Sigma(\delta A_i^{\mathrm{p}})$应该与 BET 比表面积 A(BET)相等。实际上，两者之间的一致很少在实验误差之内，相差±20%是十分普遍的。这种差异经常是由于有微孔存在，从而错误地使 BET 比表面积值偏高。的确，常常把 A(BET)值比$\Sigma(\delta A_i^{\mathrm{p}})$高得多作为固体含有微孔的一种证据。然而，鉴于累计比表面积必然要依赖不太真实的孔模型，关于存在微孔的这种证据，可以看作其他更可靠技术所得结论的补充证明。

6.9 压汞计算法

压汞计算法也是测量孔径的一种基本技术。起初，发展这种技术是为了测量大孔范围的孔径分布。如前面已经指出，由于实践方面的原因，气体吸附法不能测定大孔区孔径分布。因为汞与固体的接触角约为 140°，而接触角大于 90°时，就需要外压力 Δp 方能迫使液体汞进入固体的孔中。用汞浸入来测量孔尺寸这种想法首先是 Washburn 提出来的，他推导了下列基本方程：

$$r^{\mathrm{p}}=\frac{2\gamma\cos\theta}{\Delta p} \tag{6-34}$$

此方程常称为 Washburn 方程，式中，r^{p}为孔（设为圆柱形）半径。方程（6-34）为 Young-Laplace 方程的一个特例。现在，可将该方程写为

$$p^{\mathrm{Hg}}-p^{\mathrm{g}}=\gamma\left(\frac{1}{r_1}+\frac{1}{r_0}\right) \tag{6-35}$$

式中，p^{Hg}是液体汞相中的压力，p^{g}是气相中的压力。因为弯月面是球的一部分，

所以

$$r^1 = r^2 = r^p \cos\theta \tag{6-36}$$

见图 6.14 以及

$$p^{Hg} - p^g = \Delta p \tag{6-37}$$

Δp 为必须施加在汞上迫使它进入半径为 r^p 的圆柱形孔的压力。

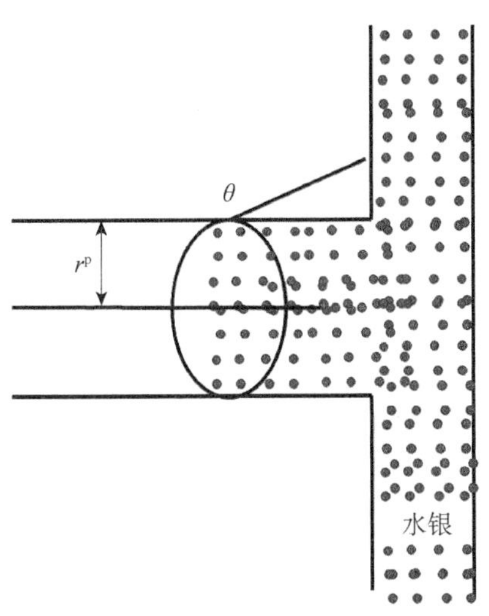

图 6.14　液体汞浸入圆柱形孔

压汞法，实际上是测量施加不同静压力时进入脱气固体中的汞量。汞量是所施加压力的函数。1945 年 Ritter 和 Drake 发展了一种高压测量技术后压汞法才初步完善，随着时间的推移，压汞法日益普及。现在，自动压汞孔率计已经用于催化剂、水泥以及其他多孔物质孔结构的日常研究。孔率计的范围从 r^p～3.5 nm 扩展到大气压下汞能渗入的孔尺寸 r^p～7.5 nm。在一些设计中，最大压力增加到～5×10^8 Pa，使孔径范围的下限扩展至～1.5 nm。应用低于大气压的压力可使测量上限降低。所以压汞法与气体吸附法的测量范围是有相当大的重叠的，可以把两者看成是相互补充的方法。由于两种方法应用范围的扩展，每一种方法的界线都越来越不确定。例如将在后面看到的，气体吸附法在中孔范围的上限，压汞法在中孔范围的下限。

6.10　表面张力和接触角

汞一般容易被污染，这可能就是在之前的实验中汞的表面张力值重复性差的原因。表 6.5 是选自 1945 年以来所报道的真空中汞的表面张力数据。鉴于汞容易被污染，γ 值相差在～1%内应该看成是十分一致的了。所幸的是，γ 的温度系数很小。Ritter 和 Drake 在他们的原始报告中采用的 γ=400 mN/m，仍然是今天常规测定的值。按表 6.5 的数据，采用 480 mN/m 与采用其他值之间的差可能不到百分之一。由于这个原因，在常规测定中对这种差异将不予考虑。

表 6.5　汞的表面张力 γ（真空中）

温度 T/℃	表面张力 γ /（mN/m）	测定方法
25	484±1.5	停滴法
26	484±1.8	停滴法
26	485±1.0	滴压法
25	483.5±1.0	停滴法
25	485.1	停滴法
16.5	487.3	侧滴法
25	485.4±1.2	侧滴法
20	484.6±1.3	侧滴法
20	482.5±3.0	气泡压力法

和其他液体一样，汞的接触角不仅取决于它在固体表面上是展开状态还是回缩状态，而且也取决于表面本身的物理化学性质，所以文献中汞的接触角的数值相差很大。表 6.6 中列出了使用最普遍的方法（即测量固定汞滴高度的方法）所得到的 γ 值范围。用斜面法测得汞在玻璃上的接触角为 139°，石蜡上的接触角为 149°，而用其他方法直接测量在抛光石英表面、不锈钢、聚四氟乙烯和金属钨表面上接触角的平衡值 θ=134°±4°（25 ℃）。

所以我们可以得出结论，汞的接触角通常在 135°～ 150°，其准确值取决于固体表面的均匀性和结构。然而，Ritter 和 Drake 之后的大多数工作者取 θ=140°，认为此值对于所有的固体都是有效的。由表 6.6 的数据可以看出 θ 值不同引起的 r^p 计算值的差别是相当可观的。表中的数据是在一定压力下取三个 θ 值（130°、140° 和 150°）计算的 r^p 值。数据表明，用不同的 θ 值计算的 r^p 值之间的百分偏差很大。

$$r^{\mathrm{p}}(\mathrm{nm})=\frac{9.60\times10^{2}}{p(\mathrm{MN/m^{2}})}\cos\theta\text{；}\quad 1\mathrm{atm}=0.1013\ \mathrm{MN/m^{2}}=0.01013\ \mathrm{MPa}$$

表 6.6　在不同压力 p 下，汞的接触角 θ 值对孔半径计算值的影响

压力/（MN/m²,atm）		孔半径/nm		
		θ=130°	θ=140°	θ=150°
0.1013	1	60.9×10²	73.6×10²	82.1×10²
0.2026	2	30.5×10²	36.3×10²	41.0×10²
1.013	10	609	726	821
10.13	100	60.9	72.6	82.1

续表

压力/（MN/m²,atm）		孔半径/nm		
		θ=130°	θ=140°	θ=150°
20.26	200	30.5	36.3	41.0
50.65	500	12.2	14.5	16.4
2101.3	1000	6.1	7.3	8.2
202.6	2000	3.0	3.6	4.0
506.5	500	1.2	1.5	1.6

6.11　孔径分布的测定——压汞法与氮吸附法测定结果的比较

压汞法中，固体吸取的汞体积 V(Hg)是作为所施加的渐渐升高的压力 p 的函数来测量的。因此，在任一压力 p_i 下的 V_i(Hg)值即是半径等于或大于 r_i^p 的所有孔的体积——累计孔体积。其意义与气体吸附法相反。在吸附法中，累计孔体积是半径等于、小于 r_i^p 的所有孔的累计孔体积。所以，压汞法中，累计孔体积 V(Hg)随 r^p 的增加而减小，而在气体吸附法中累计孔体积当然随 r^p 的增加而增加。然而，两种方法都可以微分累计孔体积对 r^p 的曲线获得孔径分布曲线。

实际上压汞法的测定下限约为 3.5 nm，气体吸附法的测定上限在 10～20 mm 之内，如果要得到完全的总孔体积对孔半径的曲线，必要联合使用两种方法。要使两种曲线一致，必需在压汞曲线上选择某些参考点，选择的点不要太靠近压汞法的测定下限。然后，假定在参考点处的总孔体积是由气体吸附法测量的累计孔体积。因此，用两种方法得到的总孔体积对 r^p 画出的曲线可以在十分宽的范围内进行比较。在此范围内，两种方法的测定界限相互重叠。Joyner 用这种方法发现对于许多催化剂，两种方法的结果在 3.5～30 nm 相当宽的范围内是一致的。这意味着，就我们所关心的孔径分布而论，两种方法是相互支持的。而总孔体积的一致则只是一种计算方式标准化的结果。一种似乎合理的解释认为，汞是通过孔口进入大孔的，而孔口直径处于中孔范围之内。因为汞渗入大孔所需的压力是由孔口决定的。所以记录到的总的大孔体积似乎表现为半径为 r^p 的中孔体积。然而，在苯吸附时，大孔在相应于孔体半径的相对压力（p/p_0）下，孔因毛细凝聚而被充满。

6.12 压力对孔结构的影响

压汞法中所用的压力很高，例如 1000 atm，因此自然会提出这样的问题，由于汞的浸入，孔结构是否会自然地被破坏？Drake 考虑到这种可能性，他用许多多孔催化剂在～400 MN/m^2 的压力下，进行了几次汞浸入和退出的实验，由此得出结论，由于压缩引起的任何变形都是弹性的，不是永久性的。

同样，Jobula 和 Wiig 在同一个“低硬度易破碎的”的炭样上，做了连续三次实验，发现三次压汞实验都十分一致。这表明孔结构没有遭到永久性破坏。

然而，较近的研究指出，如果使用的压力足够高，某些孔结构可能变化。例如 Pinote 等研究过一系列石墨化焦炭，发现在 100 MN/m^2（1000 atm）下的进汞体积实际上超出氮分子可以达到的孔体积，这表明汞已将孔结构打开。Dickinson 和 Shore 用各种合成石墨也得到类似结果。他们发现，只要所用的压力不超过 20 MN/m^2，压汞法和氮吸附法测得的孔体积是相当一致的。但压力超过这个数字时将使汞的浸入体积增加，达到 100 MN/m^2 时，汞浸入体积将增加 2 倍。

高浸入压力产生的孔体积增加，可能是由孔壁的破坏引起的，从而使汞进入原先封闭的孔道。这种影响的特征是累计孔体积的不可逆变化。或者，这种影响可能是弹性形变的缝隙和通道打开的结果，因此与连续实验的重复性是不矛盾的。正好相反的另一种可能性是压缩效应。由于压缩使孔口变窄或者实际上完全闭合，压缩的程度将取决于固体的本质。例如，硅胶就比沸石更易压缩。

Brown 和 Lard 研究过这种压缩效应。他们提出，只要孔体积不太大（对于无机氧化物凝胶，$\leqslant 0.8\ cm^3/g$），压汞测定的孔径分布曲线与氮吸附测定结果是十分一致的。但是，如果孔体积太大（约 1.2 cm^3/g）就会有显著的偏差。用减压加热样品（540 ℃，2.686×10^3 Pa）的方法排出几乎所有的汞，再重复压汞和气体吸附测定的方法已经证明孔结构发生了永久性改变。在每一种情况下，总孔体积都大为减小（常常大于 50%）。但是 BET 比表面积却很少受到影响，修正过的两条累计体积曲线也是一致的。看来，由于施加了压力迫使粒子更为密集，从而减小了大孔直径（表 6.7）。

表 6.7　多孔氧化硅样品的乙醇滴定法孔体积 V^p(EtOH) 与压汞法孔体积 V^p(Hg, i)和 V^p(Hg, ii)

样品	孔体积/（cm³/g）		
	V^p(EtOH)	V^p(Hg,i)	V^p(Hg,ii)
1	0.68	0.55	0.31
2	1.50	1.43	0.49
3	2.42	2.40	0.91

V^p(Hg,i)为第一次进汞测得，V^p(Hg,ii)为第一次进汞退出后、第二次进汞测得。

液体滴定法实验中将水或无机液体在强振荡下由微量滴管缓慢加入到吸附剂粉末中，如孔已充满，再滴入的液体增量即在颗粒外表面形成薄膜，于是由液膜的表面张力把粒子吸引在一起，滴定终点的确定多少有些主观，它取决于液体的表面张力，高度多孔固体特别是这样。按照 MeLaniel 和 Lottonvy 的建议，将样品放在滴定液中长时间加热处理再离心除去过剩的液体，称量滴定前后的样品，确定所保留的液体量。用这种方法至少对于氧化硅样品可以得到更为一致的结果。

Unger 和 Fischer 在研究浸汞对结构影响的工作中发现，为了取得宽范围的空隙率，用粒径 100～200 μm 的球形粒子特意制备了三个多孔氧化硅样品，使用“乙醇法”测定它们的初始孔体积，以 V^p(EtOH)表示，第一次进汞孔体积和第二次进汞孔体积分别为 V^p(Hg,i)和 V^p(Hg,ii)。作者发现，V^p(Hg,i)与 V^p(EtOH)吻合良好，但是 V^p(Hg,ii)值明显降低；初始孔体积的样品 2 和 3，它们的 V^p(Hg,i)–V^p(Hg,ii)差值增大。孔径分布曲线表明，所有三个样品，尤其是初始孔体积最大的 3 号样品，汞优先从较大孔中排出。扫描电子显微镜发现粒子尺寸没有改变，但是孔壁有破坏痕迹，因此可以认为汞浸入效应是把球形粒子挤压为更为紧密的堆积物。

6.13　滞后现象

Drake 和 Riffer 在他们的开创性工作中发现，当进汞和退汞时，汞体积对压力的曲线不重合。他们之后的许多工作都证明，滞后作用是压汞法的普遍特点。引用 Kamakin 广泛研究中的一个典型例子（硅铝胶的压汞测定），当汞压降到第一次（加压）循环的终点（一个标准大气压）时，样品保留了 27%浸入的汞。可是按不同的升压程序进行第二次压汞实验时，第二次退汞曲线却与第一次退汞曲线极为一致。上述孔结构的改变大概是两条加压曲线不同的原因，但却不能解释减压线的重复性。毫无疑问，固体结构不改变也能发生滞后作用。讨论毛细凝聚的滞后作用时已经讨论过“墨水瓶”模型，可能也是压汞法中可重复滞后作用的合理解释。需要加压使汞进入窄颈（圆柱形）半径为 r_n 的孔中的压力为

$$p_n = \frac{2\gamma\cos\theta}{r_n} \tag{6-38}$$

可是，直到压力降至 p_w 之前，汞也不能脱离半径为 r_w 的孔体。p_w 由下式给出

$$p_w = -\frac{2\gamma\cos\theta}{r_w} \tag{6-39}$$

按孔模型的定义，r_n 小于 r_w，汞的进入压力 p_n 将大于退出压力 p_w，从而产生滞后。

Reverber 提出一种方法，由汞的进入-退出曲线计算墨水瓶孔的空腔和窄颈的尺寸。这种方法的要点如下：升压（汞进入）曲线用通常的方式测量，但是，把降压曲线划分为一系列阶段，每一段都从同一最大压力 p_{max} 开始降到预定的最小压力。每一降压阶段的最小压力值是不同的。最后，每一小阶段都回升到最大压力 p_{max}。

图 6.15 表明两个这样的阶段。首先取 O 点处压力为最大压力 p_{max}，然后沿 OYA 降至点 A 的压力为 p_2，此时孔心半径小于 r_2 的孔组倒空。下一次，压力增至 p_3，曲线 AA'是由 r_2 和 r_3 范围内的孔心半径决定的。第一次循环完成后，重新将压力升至 p_{max}，压力再沿 OYB 降至 p_1。然后，再经 p_2 和 p_3 升至 p_{max}。由 p_2、p_3 压力之间进入的汞体积之差，即[$(V_{B''}-V_{B'})-(V_{A'}-V_A)$]给出孔心半径在 r_2、r_3 间的“墨水瓶”孔体积。

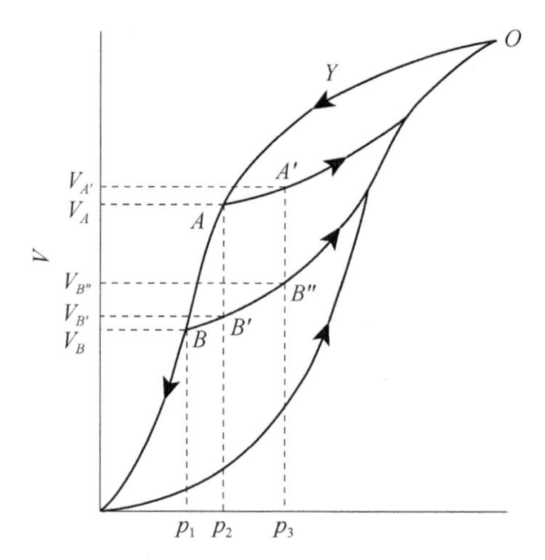

图 6.15　由汞的进入-退出实验计算“墨水瓶”孔的孔径分布

压汞法中也采用毛细凝聚采用的堆积球模型。在早期的数学分析中，Klnyer 曾指出，像汞这样的接触角大于 90°的液体穿入球粒堆积的床层时，在未充满汞的粒子间的接触点周围将存在喇叭形空间或“摆动环”。此时，孔空间仍未充满。而毛细凝聚时情况却相反，这些空间首先被充满。当施加的压力逐渐降低时，空隙内的喇叭形空间增大直到彼此分开的片段消失为止。然后，在与空隙中内接球半径相应的压力下，孔穴将完全倒空。另外，汞进入孔穴所需要的压力又是由通向孔穴的小窗口的尺寸决定的。因此，汞进入孔和由孔退出时，孔内的压力是不同的，因而产生滞后作用。Frevel 和 Kressley 以及其他工作者对堆积球模型的特点作过较详细的理论分析。

然而，如前面评述过的那样，现在已经认识到“墨水瓶”和类似的孔模型是过于简单了。大多数实际固体中的孔是不同形状联结而成的一种网络。多孔体的一个更为逼真的模型是由窄通道或“细颈”交叉联结而成的三维空腔列阵。若空腔或细颈的尺寸分布比较均匀，网络的性质将强烈地取决于交叉联结的方式。汞要进入相应一定压力的孔，必须先通过相应有更高进口压力的孔口。但是，当汞退出时，一般是与不同孔组相联系的。所以，连续的汞线条趋向于断裂，从而在许多孔空腔中截留下了汞小球。

Androutsopoulos 和 Mann 发展了孔网络的理论模型。由等长的圆柱形孔的片段组成一种方阵网络，使其中每个片段都与六个相邻片段相连。网络中的所有片段都按正态分布函数赋予一定的孔尺寸。应用 Washburn 方程表明，汞被陷在孔中，因而产生滞后作用。用这种模型计算的理论曲线可以拟合实际固体（一种 Co/Mo 催化剂）的实验曲线。

还要提到另一种滞后作用情况。如前面曾指出，汞在固体表面上铺开和缩回时，接触角是不同的。接触角还取决于固体表面的化学状态和物理状态；汞甚至可以和固体表面层作用而形成汞齐。

6.14　用汞置换和其他流体置换法测定孔体积

用简单的关系式 $1/\rho(\mathrm{Hg})-1/\rho(\mathrm{F})$即可得到固体的总孔体积，式中 $\rho(\mathrm{Hg})$和 $\rho(\mathrm{F})$分别表示在大气压下汞和另一种适当流体浸入固体中得到的固体密度。因为，按

Washburn 方程，汞在常压下不能进入半径小于～7.5 μm 的孔，所以 $1/\rho(\mathrm{Hg})$为固体本身的体积加上实际上所有孔系统的体积。另一方面，流体 F 可以进入所有直径大于 σ（σ 为 F 的分子直径）的孔。因此，只要流体 F 润湿固体（θ=0），并且若 F 为气体时其吸附可以忽略，则 $1/\rho(\mathrm{F})$就是固体的真实体积加上所有直径小于 σ 的全部孔体积。如果吸附不能忽略，$\rho(\mathrm{F})$就会太高。要得到最好的结果，可以用氦作润湿流体；氦分子小（σ=0.3 nm），室温下单位面积吸附量比任何气体都低。即使如此，如果固体比表面积大（每克几百平方米），$\rho(\mathrm{Hg})$值也会高出百分之几，当不要求高精度值时，为了实验上的方便，则宁愿用四氯化碳或己烷这样的液体而不用氦。

6.15 用压汞法测定比表面积

用 Young-Dupre 方程迫使体积为 $\mathrm{d}V^{\mathrm{p}}$ 的汞进入固体孔中需要的功与形成汞-固体界面面积 $\mathrm{d}A$ 所需要的功进行关联，可以得到表达式

$$\gamma\cos\theta\mathrm{d}A=-p\mathrm{d}V^{\mathrm{p}} \tag{6-40}$$

与毛细凝聚的类似方程一样，方程（6-40）的基础也假设孔的横截面不变。在压汞曲线的范围内积分方程（6-40）就得到被汞穿进的所有孔壁的比表面积 $A(\mathrm{Hg})$：

$$A(\mathrm{Hg})=-\frac{1}{\gamma\cos\theta}\int_0^{p_{\max}}p\mathrm{d}V^{\mathrm{p}} \tag{6-41}$$

Rootare 和 Prenlow 用这种方法测定了多种粉末固体的比表面积。这些样品的 BET 比表面积在 0.1～110 m^2/g，它们的孔主要或全部是粒子之间的空隙。压汞计算时均取 θ=130°，选取部分结果列于表 6.8 以说明压汞法和氮吸附法测定的比表面积间的一致程度。鉴于两种方法中所作的假设以及都包含有不可靠性，则必须认为二者的一致是满意的。然而，应该指出，由汞返出的数据计算的面积与 BET 值不相符。

表 6.8 压汞法和氮吸附法测定的比表面积值对比

样品	比表面积/(m^2/g)	
	压汞法	氮吸附法
钨粉	0.11	0.10
铁粉	0.20	0.30
锌粉	0.34	0.32

续表

样品	比表面积/(m^2/g)	
	压汞法	氮吸附法
铜粉	0.34	0.49
碘化银	0.48	0.53
铝粉	1.35	1.14
萤石	2.48	2.12
氧化铁	14.3	13.3
锐钛矿	15.1	10.3
石墨化炭黑	15.7	12.3
硝酸硼	19.6	20.0
羟基磷灰石	55.2	55.0
炭黑	107.8	110.0

A(Hg)既不包含汞不能进入的更细的中孔的任何贡献，也不包含任何微孔的贡献。Sing 及其同事的研究结果证明了这些限制条件的重要性。Sing 等使用的一系列氧化铝凝胶样品，是将气态氨通入无水硝酸铝的各种醇溶液中制备的。无论用氮吸附法还是压汞法都揭示出样品的孔结构随醇的特性和溶液浓度的不同而显著不同。

部分压汞曲线如图 6.16 所示。即使在最高压力下，曲线 A、B 和 C 都没有要达到平台的趋势，这表明孔没有完全被充满，也表明样品中有可观比例的 γ^p< 3.5 nm 的孔。另外，曲线 D 和 E 中压入的汞体积趋于一最大值。这表明 γ^p<3.5 nm 的孔相对少。

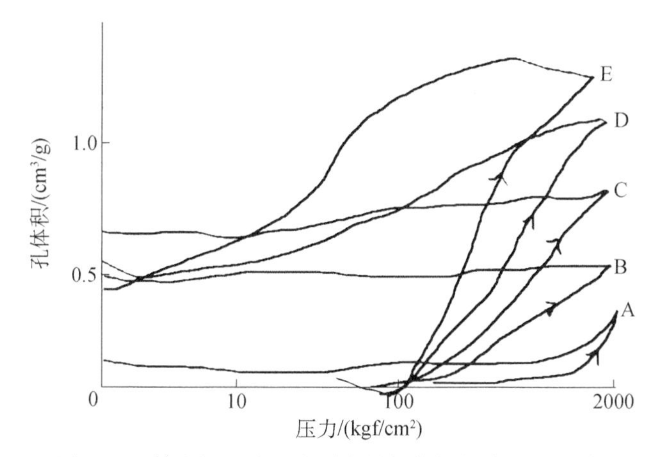

图 6.16　单水铝石醇溶液制备的氧化铝凝胶压汞曲线

A 为丙醇（2.5wt%），B 为丙醇（4.9wt%），C 为二甲基丙醇（4.9wt%），
D 为二甲基丙醇（9.5wt%），E 为丁醇（9.5wt%）；1 kgf＝9.80665N，wt%表示质量分数

由表 6.9 可见，对于样品 D，$A(Hg)$和 $A(N_2)$十分一致。但二者的一致程度按 C、B、A 的次序逐渐变差。压汞法测定 γ 的近似上限相当于汞压入量开始迅速增长的压力。按 C、B、A 的顺序，此上限值移向更细的孔。对于样品 A，上限已降至～4 nm。

表 6.9　氮吸附法和压汞法测定的氧化铝凝胶比表面积值

样品	比表面积	
	$A(N_2)/(m^2/g)$	$A(Hg)/(m^2/g)$
A	393	88
B	306	135
C	261	159
D	153	157
E	—	70

6.16　小　　结

普遍认为压汞法是大孔孔径和中孔范围的上限孔径常规测定的最好方法。压汞仪的原理比较简单，实验方法也比气体吸附法简单，压汞法省时，对实验技巧的要求不高。但是，大概是由于方法的简单性，人们忽视了压汞法常常暗中引入的一些假设以及潜在的误差来源。比如，常常采用 θ=140°，而实际的接触角几乎肯定随表面本质不同而异。而且，汞进入孔中与从孔中退出时的接触角也不相同。θ 角带来的不可靠性可达 20%。另外，汞的表面张力对污染是敏感的，并且与固体表面本质有关。在极端情况下，还确实会形成汞齐。采用习惯的 γ=480 mN/m 引起的孔径计算误差取决于固体本质和实验操作，其范围变化非常大，很难定量估计。

压汞测定中始终有滞后作用，这就增加了问题的复杂性。对于压汞滞后作用的解释，如果说比毛细凝聚解释更为复杂的话，只不过是由于这种滞后作用不仅与固体孔结构有关，而且也取决于所施加压力的大小。在由彼此隔开的墨水瓶形孔组成的孔系统中，由加压（进汞）曲线得到的是孔径尺寸分布，由减压（退汞）曲线得到的是孔体尺寸分布。然而，在大多数固体中，孔形成一种网络，孔的堵塞效应使压汞法测量结果的解释复杂化了。

尽管有各种限制，但压汞法确实是定量研究孔结构必不可少的工具。如果要描述可靠的孔系统图像，压汞法还需要其他方法的结果作补充。

第 7 章　Ⅲ型和Ⅴ型吸附等温线简介

7.1　Ⅲ型等温线

Ⅲ型和Ⅴ型等温线的特征，是从原点开始朝相对压力轴的方向向上弯曲。Ⅲ型等温线向上弯曲的趋势一直始终保持（图 7.1），而Ⅴ型等温线则在相当高的相对压力下（经常是～0.5 甚至更高）有一个拐点。结果，在等温线的多层区弯曲后，又出现一段近似平直线 DE（图 7.1（b）），有时在接近饱和压力时，末端又出现向上翘起的趋势。这些现象可以归因于中孔和大孔物质的吸附作用。

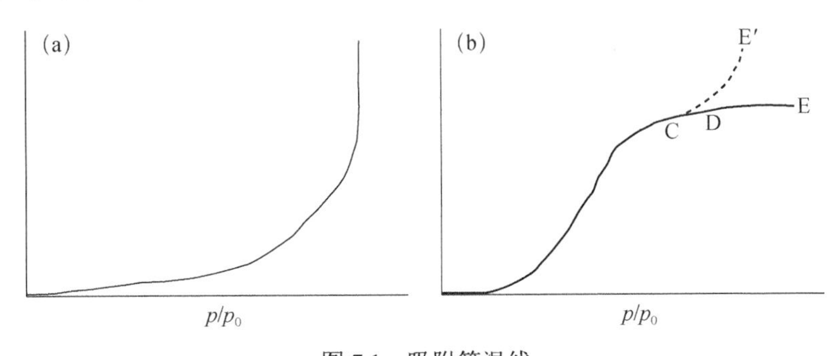

图 7.1　吸附等温线

（a）Ⅲ型等温线；（b）Ⅴ 型等温线

Ⅲ型和Ⅴ型等温线都是气体-固体之间微弱相互作用的特性曲线。Ⅲ型等温线是由无孔固体给出的，而Ⅴ型等温线则产生于中孔或微孔固体。1940 年，BDDT 分类法提出时，这样的等温线还很少，虽然近年来也发表了一些有关这两种类型等温线的可资证明的材料，但它们仍然不太常见。

在低相对压力下，吸附剂-吸附质之间作用力微弱，它所引起等温线向上弯曲的程度很小，而一旦某个分子被吸附以后，则吸附剂-吸附质之间的作用力就有助于其后同种分子的吸附作用，这是一种协同过程，结果等温线变得弯向压力轴。

若吸附剂–吸附质之间的作用力比较微弱，则非极性或极性分子都可能产生Ⅲ型（和Ⅴ型）等温线。

在这方面，水是特别有意思的一种极性吸附质。因而，就水的相互作用总能量的贡献而言，分散作用比起极化作用来说则是非常小的。Barrer 曾做过计算，298 K 时水与 H-菱沸石作用的分散作用能仅为 11.09 kJ/mol（2.65 kcal/mol）（其中还包括每个分子与它最靠近的邻近分子相连的四个氢键的贡献），它比起摩尔凝聚熵（44.38 kJ/mo1 即 10.6 kcal/mol）要少得多，水能提供许多Ⅲ型等温线的例子。

哪种因素对产生Ⅲ型等温线起作用，这可以通过一些实际例子很好地鉴别。或许，有机高聚物是最能说明问题的例子。这些高聚物诸如聚四氟乙烯、聚乙烯、聚甲基丙烯酸甲酯或聚丙烯腈，它们与水或直链烷烃作用可以得到非常确定的Ⅲ型等温线，这是由于微弱的分散力相互作用的结果（图 7.2）。在某些情况下，测量不同温度下的等温线，就可以计算出 q^{st} 值来；在图 7.2（c）中，q^{st} 值开始稍低于摩尔凝聚熵 q_L；而当吸附继续进行时，它就高于 q_L。图 7.2（d）中，较高的起始值 q^{st} 则归因于固体表面的不均匀性。

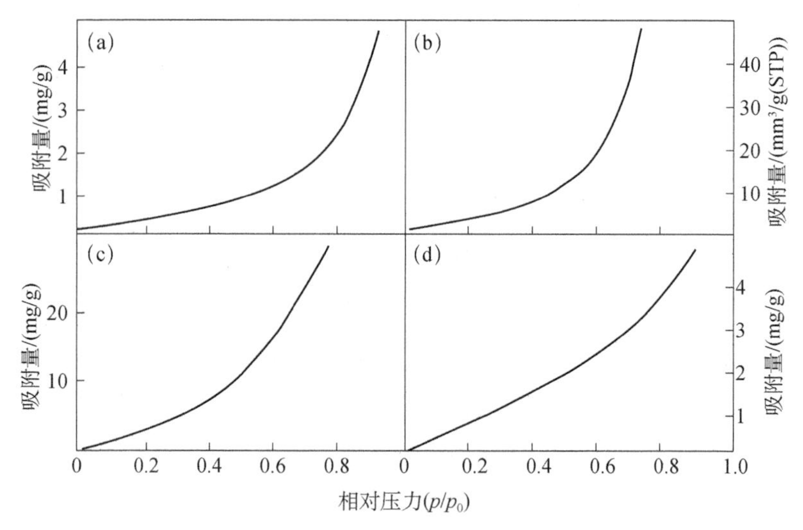

图 7.2　Ⅲ型等温线

（a）正己烷 25 ℃在聚四氟乙烯上的吸附；（b）正辛烷 20 ℃在聚四氟乙烯上的吸附；（c）水 20 ℃在聚甲基丙烯酸甲酯上的吸附；（d）水 20 ℃在双-（A-碳酸酯）上的吸附

固体与气体分子分散力相互作用的强度，不仅由固体表面的化学组成决定，而且也由作用力中心点的表面密度来决定。因此，如果这种表面密度能被一种适当物质的预吸附明显降低，那么Ⅱ型等温线就可以转化为Ⅲ型等温线。一个因单分子层的乙醇预吸附而改性的金红石就是一个例子。在未改性的金红石上，戊烷的吸附等温线是Ⅱ型的（图 7.3 曲线 A），而在处理过的样品上，等温线变成Ⅲ型（图 7.3 曲线 B）。用 1-己醇作为预吸附质，人们发现了类似的结果。另外一个例子是在事先于液态水中研磨过的石英粉末上预吸戊醇，然后再吸附四氯化碳和正辛烷，就得到Ⅱ型等温线。

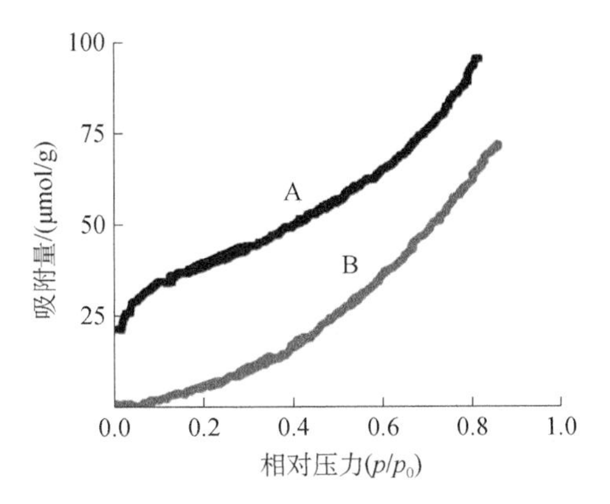

图 7.3　非孔金红石预吸附乙醇改性前后的戊烷蒸气吸附等温线（273 K）

A 曲线为改性表面上的吸附；B 曲线为表面上含有 52 μmol/g 乙醇的样品上的吸附

人们还发现了表面改性的另一个有趣的例子。原来表面能量是均匀的，因而产生Ⅳ型（即阶梯式）等温线，当石墨化的炭黑于 77 K 预吸附一种合适的、不挥发的单分子层（诸如乙烯）时，在低压力范围等温线（例如氯气的等温线）呈现出Ⅲ型特性，然而其第一个阶梯则移向了更高的相对压力方向，并且所有的阶梯都变得不太明显。

使表面改性的另一条可能途径，可通过实际的化学反应来实现。例如，在 Kiselev 的详细研究工作中，用三甲基氯硅烷处理羟基化的氧化硅，非极性的 $Si(CH_3)_3$ 基团则取代羟基：这就使弱化作用受到分散作用和极化相互作用两者的影响。Kiselev 测量了硅胶（气溶胶）样品上苯吸附的等温线。这种样品事先经过上述同样的方法逐渐改性。随着 $Si(CH_3)_3$ 基团表面浓度的增高，等温线逐渐失去它的Ⅱ型特性，表面完全转化时，就变为Ⅲ型等温线（图 7.4（a））。与此相对应，吸附热对吸附量作图所得到的曲线逐渐变低（图 7.4（b）），相应于Ⅱ型等温线的最后曲线，则如预料，其曲线形状变化趋势是从较低的起始值开始，其随吸附量的增加而逐渐升高到凝聚热。

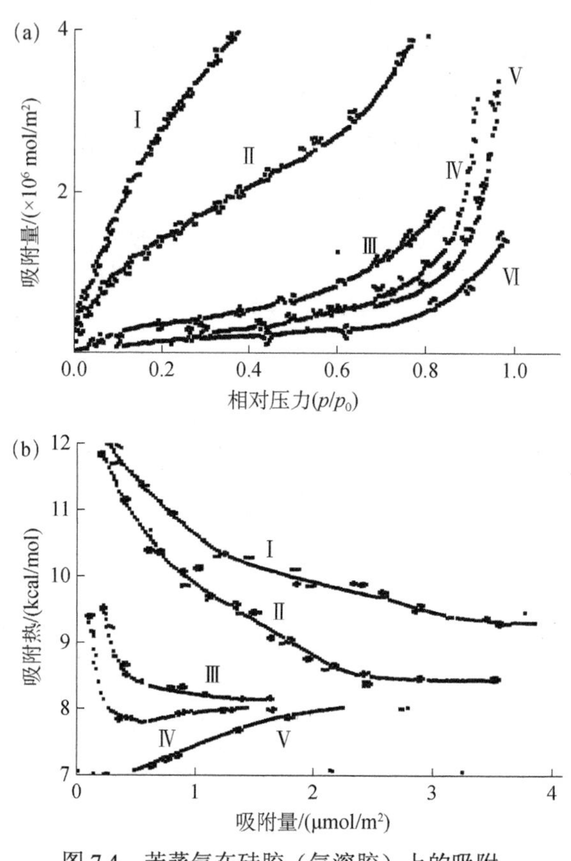

图 7.4　苯蒸气在硅胶（气溶胶）上的吸附

（a）吸附等温线；（b）吸附热与单位面积吸附量的关系曲线

吸附时硅胶表面逐渐为 $Si(CH_3)_3$ 基团所覆盖，$Si(CH_3)_3$ 表面溶度分别为：

（Ⅰ）0%；（Ⅱ）60%；（Ⅲ）80%：（Ⅳ）和（Ⅴ）100%；（Ⅵ）其他

丁烷在球磨方解石上所得到的吸附结果也很有意思。固体在 150 ℃脱气，除去物理吸附水之后，丁烷在这种固体上吸附呈现Ⅱ型等温线，并且 c=26[图 7.5 曲线（ii）；但固体在 25 ℃脱气时，样品表面上至少会有一单分子层，结果得到Ⅱ型等温线[图 7.5 曲线（i）]。虽然丁烷是非极性的，但它的极化率相当高（8.25×10^{-25} cm^3/mol），因此，它与离子化团体相互作用的总能量，应当比产生Ⅱ型等温线时稍大些。一旦固体被一层吸附水所覆盖，那么吸附剂-吸附质之间相互作用的能量，实际上就会减弱水和丁烷的弱分散作用能量，结果就得到Ⅲ型等温线。

这种解释得到以下事实的支持，即人们发现，正烷烃在液体水上的吸附等温线属于Ⅱ型（这可以通过测量烷烃蒸气存在下水的表面张力，由 Gibbs 吸附方

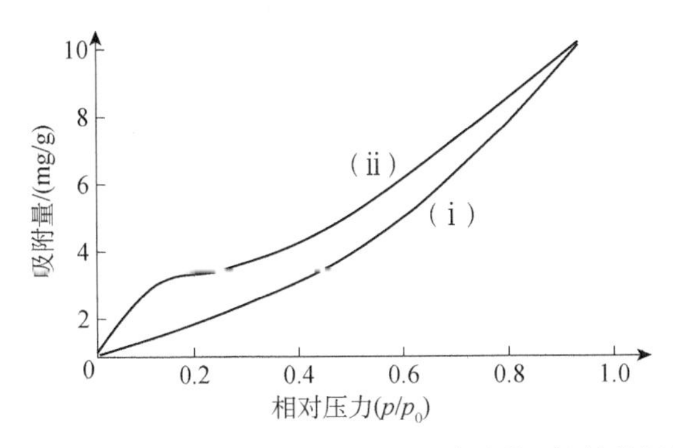

图 7.5　研磨 1000 h 的冰川石在 0 ℃时吸附丁烷的等温线

(ⅰ) 固体在 25 ℃时脱气；(ⅱ) 固体在 150 ℃时脱气

程式来计算)。人们同样发现，环己烷在整块干燥的、沉淀碳酸钙上的吸附产生Ⅲ型等温线。这与 Stock 用硫酸钙和己烷所得到的结果稍有差别，因为 280 ℃灼烧和 120 ℃脱气的固体所得到的等温线是有点弯曲的Ⅳ型等温线，并出现 B 型滞后回线。加入足够的水之后，就得到总的组成为 $CaSO_4 \cdot 0.35H_2O$ 的样品，其己烷吸附支则呈现Ⅲ型等温线的形状，但是滞后回线仍然存在（参见图 7.6）。

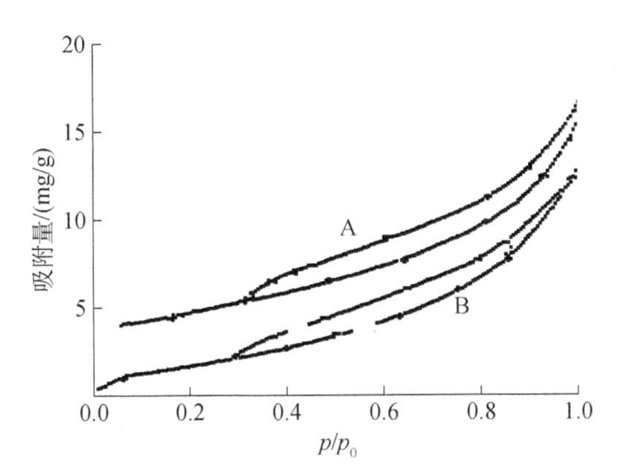

图 7.6　25 ℃硫酸钙上正己烷的吸附等温线

A 为固体于 120 ℃脱气；B 为固体用液态水处理，其结果组成为 $CaSO_4 \cdot 0.35H_2O$ 的样品，其后于 25 ℃脱气

7.2　BET方法对Ⅲ型等温线的有效性

在本书范围内，等温线是Ⅲ型时，一个特别有意思的问题则是 BET 方法在多大程度上对于计算单层吸附容量和比表面积仍然有效。

正如已经指出的，Ⅲ型等温线是 c 值小于 2 时由 BET 方程得到的。c=3 时，等温线不再是严格的Ⅲ型，而大约在 $0.01p_0$ 的地方，出现一个可以察觉的微小拐点；乍看好像是一条真正的Ⅲ型等温线，因为实际上某些看来属于 Ⅲ 型等温线的那些曲线，其 c 值大约为 3 是相当常见的。

BET 方法应用于Ⅲ型等温线时，c=1 构成一种特殊情况。c=1 代入标准 BET 方程就得到简化方程：

$$\frac{p/p_0}{n(1-p/p_0)}=\frac{1}{n_{\mathrm{m}}} \tag{7-1}$$

由此可见，$(p/p_0)/(n(1-p/p_0))$ 对 p/p_0 作图所得到的是常见的 BET 图。它是一根距离 p/p_0 轴 $1/n_{\mathrm{m}}$ 的水平直线。

当 c 值超过 1 时，用普通的方法，n_{m} 值可由 BET 图线的斜率和截距推导出来，但由于在低相对压力下曲线偏离，有时确定“BET 单层拐点”更为方便，在这一点，相对压力为$(p/p_0)_{\mathrm{m}}$，n/n_{m}=1。首先，c 值是通过实验所得到的等温线与一组理想的 BET 等温线比较而求出来的，这些理想的等温线则是依次把 c 的不同数值（1，2，3 等，若需要还包括非整数）代入以下形式的 BET 方程中计算出来的：

$$\frac{n}{n_{\mathrm{m}}}=\frac{c(p/p_0)}{(1-p/p_0)(1+c-p/p_0)} \tag{7-2}$$

一旦 c 值已知，单层拐点就可以通过下面的关系式求出：

$$(p/p_0)=\frac{-1\pm\sqrt{c}}{c-1} \tag{7-3}$$

上式可以把 n/n_{m}=1 代入式（7-2）推导出来，并解出 p/p_0。例如，c=2 时，p/p_0=0.41；c=3 时，$(p/p_0)_{\mathrm{m}}$=0.366；当然，c=1 时，p/p_0=0.5。

研究人员发现，由Ⅲ型等温线计算出来的 BET 单层吸附容量的数值与单独测量的结果（例如，氮吸附结果）有相当大的差别。表 7.1 收集了一些典型例子的数据。BET 方程所预测的单层吸附容量值与单独测定的相应值（Ⅳ和Ⅴ栏）比较表明，如编号 6 那样，偶尔两者之间有相当好的一致性；但大多数情况相差较大。鉴于 BET 模型的人为因素，这样的结果实际上并不奇怪。正如第 2 章所强调的，为了从吸附等温线得到单层吸附容量的准确值，必须在多层开始形成以前，单层实际上就应该完全建立起来；对应于这种情况，结果在等温线上就有一个清晰可辨的点（B 点）。然而，在产生Ⅲ型等温线的体系中，在某些表面上出现多层吸附时，在其他表面上尚未完成单层吸附。因此，人们必然得出结论，计算单层吸附容量的 BET 方法不适用于Ⅲ型（也不适用于Ⅴ型）等温线。

表 7.1　由吸附质 X 的Ⅲ型等温线，使用 BET 方程计算的单层吸附容量 n_m(X)与单独测量的 n_m 值的比较

编号	（Ⅰ）体系	（Ⅱ）c	（Ⅲ）$(p/p_0)_m$	（Ⅳ）由$(p/p_0)_m$计算的 n_m	（Ⅴ）单独测量的 n_m	（Ⅵ）
1	MgO-CCl_4	2.3	0.41	160 mg/g	80 mg/g	0.37 nm^2
2	SiO_2-CCl_4	3	0.37	3.1 μmol/m^2	4.5 μmol/m^2	0.37 nm^2
3	SiO_3-CCl_4	2	0.41	0.46 mmol/g	0.89 mmol/g	0.37 nm^2
4	$CaCO_3$-C_4H_{10}	2	0.41	2.25 mg/g	≈1.8 mg/g	0.40 nm^2
5	$CaCO_3$-C_5H_{12}	≈1	≈0.50	2.8 mg/g	6.1 mg/g	—
6	TiO_2（用 C_2H_5OH 改性）-C_5H_{12}	1	0.50	27.6 μmol/g	27.4 μmol/g	0.45 nm^2
7	H_2O（液体）-C_5H_{12}	≈2	≈0.41	0.85 μmol/m^2	3.75 μmol/m^2	0.45 nm^2

7.3　由Ⅲ型等温线用 α_s 线图计算比表面积

诚然，只要固体样品 S 可用来作为绘制吸附质 G 在 S 上的标准 α_s 线图的标准样品，就有可能采用这种吸附质 G 在固体 S 上的Ⅲ型等温线来计算 S 的比表面积。标准样品的面积必须已知，通常由氮吸附等温线求得。

如果在测试中，固体上吸附质 G 的等温线形状与参考样品的情况相同，则其 α_s 线图是一条过原点的直线，而且其斜率等于 A_0（待测固体）与 A（参考固体）面积之比。因为 A（参考固体）已知，所以待测固体的比表面积即可求出。

Sing 及其合作者通过对四种无孔样品的研究，举例说明了这种方法。他们分别测定了四种样品 77 K 时的氮吸附等温线和 298 K 时的四氯化碳吸附等温线，而把非孔二氧化硅作为绘制四氯化碳 α_s 线图的标准。所有样品的 BET 比表面积都由氮 BET 图计算，取 $a_m(CCl_4)=0.37\ nm^2$。分别由氮和四氯化碳所得的对应 BET 比表面积值之间的一致性不好是不足为奇的（见表 7.2 第（2）列和第（4）列）。另外，由四氯化碳 α_s 线图计算的比表面积值与相应的氮比表面积值之间则显示出令人满意的一致性。

表 7.2　由氮（77 K）和四氯化碳（298 K）的吸附等温线分别用 BET 法和 α_s-图法计算的无孔二氧化硅比表面积的比较

	比表面积（m^2/g）			
	N_2		CCl_4	
	A_N(BET)	$A_N(\alpha_s)$	A_c(BET)**	$A_c(\alpha_s)$
Fransil*	38.7	—	18	—
TK70	36.3	35.6	27	35.8
TK800	154	153	69	153
气溶胶 200	194	193	116	190

注：*在 Fransil 上，α_s 线图分别以 N_2 和 CCl_4 的标准等温线为基础；**为了计算 A_c(BET)，假设 $a_m(CCl_4)$=0.37 nm^2。

应该注意，这种方法不需要假定吸附质的分子截面积，甚至等温线也不必严格遵守 BET 方程，实际上也根本不需要遵循任何简单方程。因此，该方法适用于中孔固体，而这时 α_s 线图的有关部分则是通过原点的起始支，其后由于毛细凝聚现象而出现向上偏离。因而 α_s 线图法使人们能够把 N_2-BET 法的可靠基本原理与采用在室温或接近室温的条件下测量等温线的吸附质的优点结合起来。

7.4　孔隙度的影响

7.4.1　中孔

在之前章节中，已经参照某些实验讨论过中孔在Ⅲ型等温线转化为Ⅳ型等温线的过程中所起的作用。在这些实验中，人们把非孔粉末加压成形为中孔固体，证明Ⅲ型等温线转化为Ⅳ型等温线的模拟实验是很少的，但其他的不太直接的证据仍可利用。例如，Kiselev 已经测量了正戊烷在各种氧化硅上的等温线。对不同等温线（大概都是用 N_2 吸附测定的）作单位面积的吸附量图示于图 7.7。曲线 A 代表石英和 Pyrex 玻璃，它们实际上都是非孔的；曲线 B 代表孔径约为 10 nm 的硅胶。对硅胶而言，直至滞后回线开始出现的那一点，两条曲线都非常重合。等温线 B 的顶部出现转折，如Ⅲ型等温线转化为Ⅳ型等温线的例子所见，虽然是由于硅胶中存在中孔所引起的，但是这些等温线都不是严格的Ⅲ型和Ⅴ型等温线。

因为在低压区有一个刚能辨别的拐点（与Ⅲ型等温线比较 $c\approx3$）；等温线形状失真，不足以损害它们仍属于Ⅲ型或Ⅴ型等温线的特征。图 7.8 的等温线中，

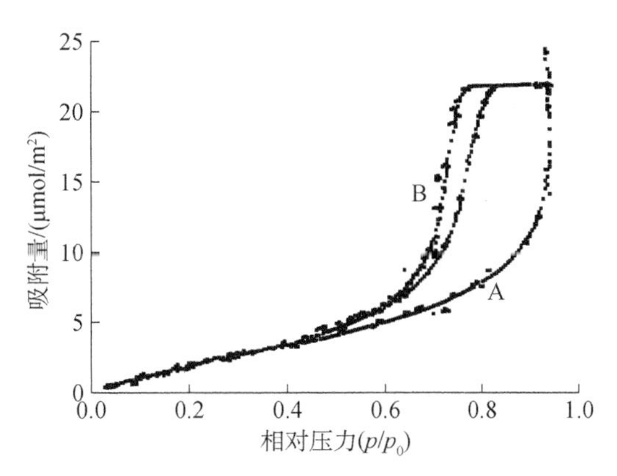

图 7.7　正戊烷蒸气在若干样品上的吸附等温线

A 为石英和 Pyrex 玻璃；B 为大孔硅胶

中孔吸附剂（一种硅胶）上苯的吸附脱附等温线与苯的Ⅳ型等温线明显不同。环己烷不同于苯，它没有特别的吸附能力，而且它的等温线在低压区弯向压力轴。另外，它的等温线又类似于苯的等温线，其滞后回线是典型的中孔毛细凝聚现象所引起的；两条等温线的平直部分都相应于孔全充满的情况。以下事实证实了这一点，即换算为液体体积时，饱和吸附量与实验极限相符：苯为 601 mm^2/g，环己烷为 597 mm^2/g。

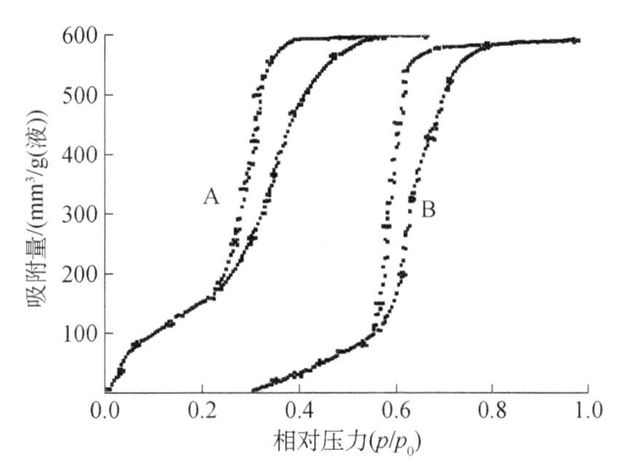

图 7.8　25 ℃时在中孔硅胶上苯和环己烷的吸附等温线

A 为苯吸附；B 为环己烷吸附

7.4.2　微孔

之前的内容相当详细讨论了微孔中相互作用能的增强问题。应强调指出这种增强作用首先出现在宽度为 d 的临界孔中，而临界孔宽度 d 则随吸附质分子的直

径 σ 增大而增加，因此，相应的参数应该是 d/σ 的比值，而不是 d 本身。之所以要考虑 σ 是因为分散相互作用的大小随分子的极化率变化而变化，因而也随分子直径的增大而增强。

CCl_4 是一种极化率特别高的物质，因此是微孔效应的一种特别灵敏的探针（每个分子的极化率是：$\alpha(CCl_4)=10.1\times10^{-24}\ cm^2$，这可与以下数据比较，$\alpha(N_2)=1.73\times10^{-24}\ cm^2$，而 $\alpha(CO_2)=2.59\times10^{-24}\ cm^2$）。Cutting 和 Sing 在不同的硅胶样品上进行了 20 ℃时四氯化碳的吸附研究，其结果示于图 7.9。

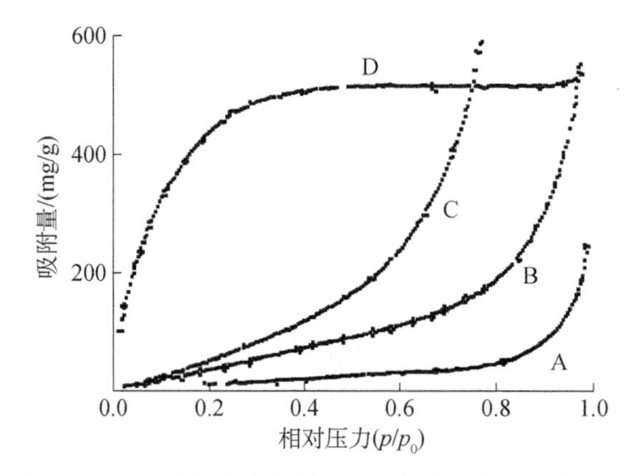

图 7.9　20 ℃时各种硅胶样品上四氯化碳的吸附等温线

A 为 Fransil（无孔颗粒）；B 为 TK800（无孔颗粒）；C 为中孔硅胶；D 为微孔硅胶

结果证实，情况确实如此。在两种无孔硅胶样品（Fransil 和 TK800）上，等温线（曲线 A 和 B）都接近于Ⅲ型，其 c 值都等于 3，这一点与硅胶和四氧化碳之间的弱相互作用相一致；用氮吸附来表征中孔硅胶，其等温线也是Ⅲ型的（曲线 C）。然而，对于微孔样品（其微孔性质已由 N_2 的 α_s 线图所证实），其等温线变为Ⅰ型（曲线 D）。因此，微孔具有增强吸附剂-吸附质相互作用的能力，这种作用足以由微孔填充代替单层到多层吸附的形成，因而使等温线由凸向压力轴变为凹向压力轴。

7.5　水的吸附特性

7.5.1　在炭上吸附

如前所述，水与非极性固体的相互作用能异常之小。因此，非极性固体对水的吸附量远比该固体对非极性吸附质的吸附量要小。这类非极性吸附质是一些分子比较大因而更容易极化的物质。在这些可极化分子中，其相互作用能相对要大得多。如图 7.10 所示，水与正己烷在石墨化炭黑（一种非极性吸附剂）上吸附特性的差别十分明显。虽然两种吸附质都有一定分散力，但是烃类分子由于它的长链结构（这种链可以平行于表面排列），其分散力相当强，足以形成Ⅱ型等温线。

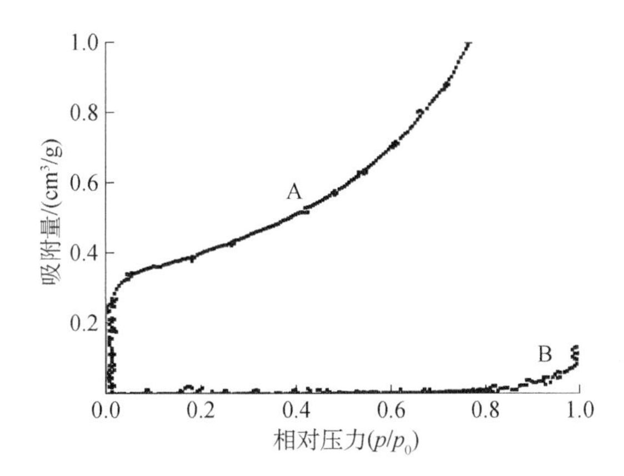

图 7.10　水和正己烷在石墨化炭黑上的吸附等温线

A 为正己烷；B 为水

由于水分子具有形成氢键的倾向，因此，水的吸附等温线对吸附剂表面极性大小特别敏感。这一点通过实验可以很好说明。这种实验，展示从表面上除去多少极性基团会导致吸附量的急剧下降，并使等温线呈现最典型的Ⅱ型特征的问题。例如，Kiselev 的研究结果表明，若吸附剂是氧化过的炭黑，则化学吸附氧（和其他的极性基团，诸如 OH、COOH）在真空中或氢气中可通过加热逐渐地从炭黑上除去，见图 7.11。在 3200 ℃氢气中加热进行后处理，实际上可除去所有的极性基团。等温线的位置逐渐降低是非常明显的，最后的三条等温线直到相对压力超过 0.5 时才刚能检测出吸附量。

Walker 和 Janov 对一组石墨化炭黑（Graphon）样品进行了详细研究，确立了表面上水的吸附量和化学吸附氧含量之间的定量关系。样品首先分批于 500 ℃、氧气流中活化，以进行不同的燃烧处理；然后，由各个这样处理过的样品得到不同的化学吸附氧含量，每一样品于 950 ℃脱气净化后，在 350 ℃暴露其表面于氧气中达到饱和，最后在 350 ℃和 950 ℃之间脱气，以获得部分覆盖的表

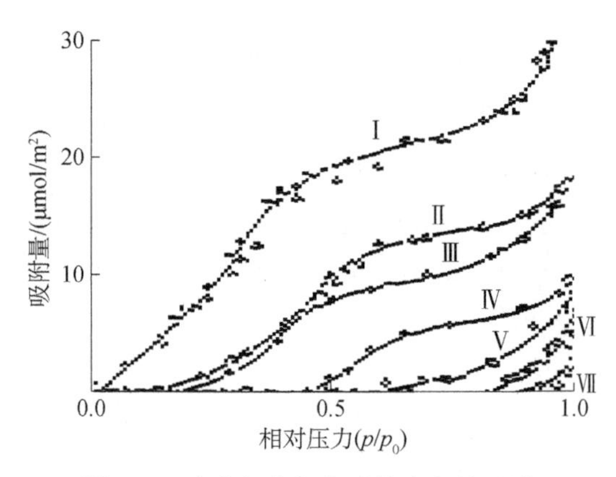

图 7.11　水蒸气在氧化过的炭上的吸附

I 为样品在真空中 200 ℃加热；II 为样品在真空中 950 ℃加热；III为样品在真空中 1000 ℃加热；IV为样品在氢气流中 1100 ℃加热；V 为样品在氢气流中 1150 ℃加热；VI为样品在氢气流中 1700 ℃加热；VII为样品在 3200 ℃加热

面。从 950 ℃进一步脱气的失重可得到每一样品的化学吸附氧含量。

通常认为氧的化学吸附只发生在晶体碳的晶棱上，每个化学吸附氧原子的平均面积与每个晶棱碳原子的平均面积相等，即 0.083 nm^2。因此，每一样品的“活性比表面积”A（活性）可以直接通过它的化学吸附氧含量来计算。随着氧含量的减少，水压力作图时，除了 p/p_0 约为 0.5 上面的两个发散点以外，各条等温线的点都落到接近于同一条共用曲线上（图 7.12（b））。

实际上，如果吸附量坐标换算为每一个化学吸附氧原子上吸附的水分子数（图 7.12（b）右边的坐标），则上述关系的实质特别清楚。很明显，吸附的水分子数直接与化学吸附氧分子数成比例。然而，由于一个吸附位的面积只有 0.083 nm^2，而一个吸附的水分子必需的最小面积则是 0.105 nm^2。所以，关于吸附膜的下述某种简单的模型设想都是没有根据的，即认为这种吸附膜是由密堆积的单分子层组成的多分子层，在那些单分子层中，每个水分子与一个单独的氧相连。正如已经强调指出的，在产生III型等温线的体系中，单层和多层形成过程并不是截然分开的；更确切地说，吸附作用是通过几种机理（在水的情况下，包括形成氢键）同时进行的。这些机理现在还不能用分子式具体表达出来。

尽管如此，由图 7.12（b）这一复合等温线来计算 BET 单层吸附容量还是有意义的。虽然等温线并不非常严格遵守 BET 方程，但是人们发现，净吸附等（比）容热实际上是零，所以可以取 c=1。据图 7.12（b），BET 单层吸附容量应该对应

于 p/p_0=0.5 的位置，每个氧原子上的水分子数则近似于 0.8。因此，石墨化炭黑化学吸附氧的单层吸附容量可近似地由水的等温线估算出来。

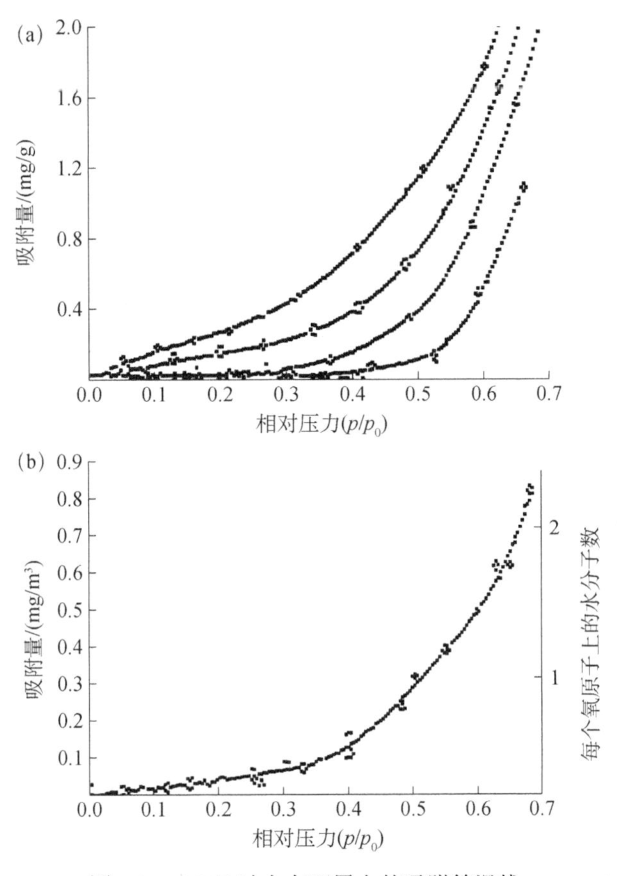

图 7.12　20 ℃时水在石墨上的吸附等温线

(a) 样品活化后烧失率至少为 24.9%，其活性表面为氧络合以不同覆盖度所覆盖；(b) 上述各等温线的结果是对每平方米“活性比表面积”上的吸附量（左侧坐标），并对每个化学吸附氧原子上的水分子数（右侧坐标）作图的结果

不难看到，人们采用硅胶-水体系得到类似的结果，在该体系中，由水等温线计算的水的 BET 单层吸附容量，约等于硅胶表面的羟基含量。

按硅胶上四氯化碳的吸附量来推算，如果中孔和外表面的面积都可以忽略不计，或许可以期望炭的微孔存在应产生水吸附的Ⅰ型等温线。实际上，这种结果非常罕见，实际例子是水的吸附等温线在起始阶段仍为凸向压力轴，而得到Ⅴ型等温线。图 7.13 提供了一个极好的例子。呈Ⅰ型形状的氮吸附等温线，清楚表明炭都是微孔结构，但水蒸气在两种炭上的等温线都是Ⅴ型的。正如人们所见，在同一吸附剂上吸附两种吸附质的(液态)体积几乎是相等的，这表明上述结果遵循 Gurvitch 定律，并证明：发生的整个过程是一个体积填充过程，而不是表面覆盖过程。

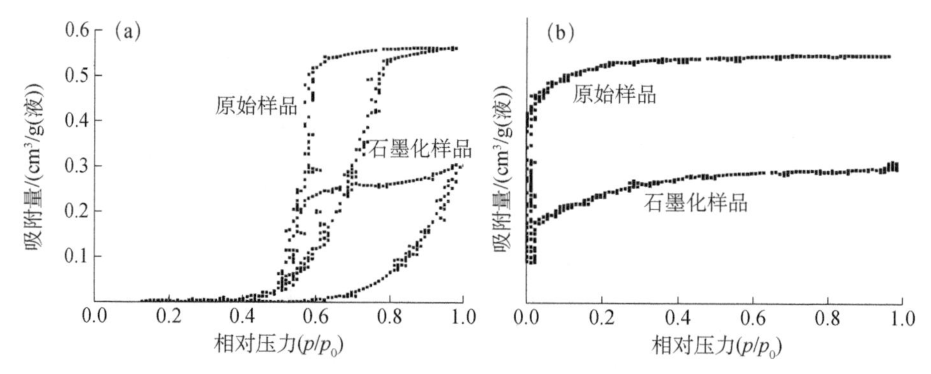

图 7.13　水蒸气和氮气在石墨化和未石墨化活性炭上的吸附等温线

（a）水蒸气的吸附等温线；（b）氮气在−196 ℃时的吸附等温线

水蒸气在炭上的Ⅴ型等温线显示出各种各样的情况，收集在图 7.14 中的有代表性的例子可作为判断等温线属于哪一种情况的依据。这些等温线都存在滞后现象，但只在某些情况下，有确定的滞后回线（图 7.14（b）、（c）、（d）、（f））；而在另一些情况下，整个压力范围内都存在滞后现象，在等温线测定温度下脱气之后，一些吸附质仍然保留下来。文献中所能找到的关于Ⅴ型等温线滞后现象的各种解释，仍然有点纯理论性的推测。等温线的陡起已归因于分子簇团的聚结，这些分子簇团则由邻近的化学吸附氧原子而起核心作用，而图 7.14 中（a）或（b）中脱附支的陡降则归因于毛细凝聚水的蒸发。图 7.14（e）中最低压力区的滞后现象，很可能是由于第 4 章讨论过的那类渗透作用。

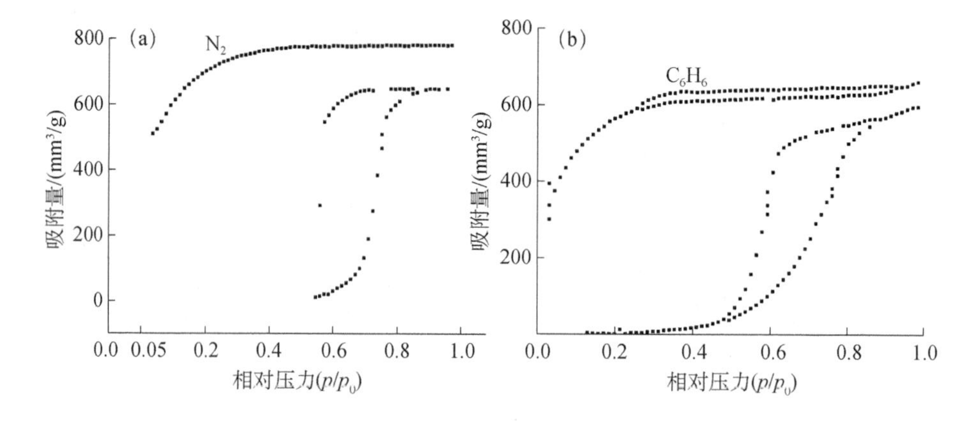

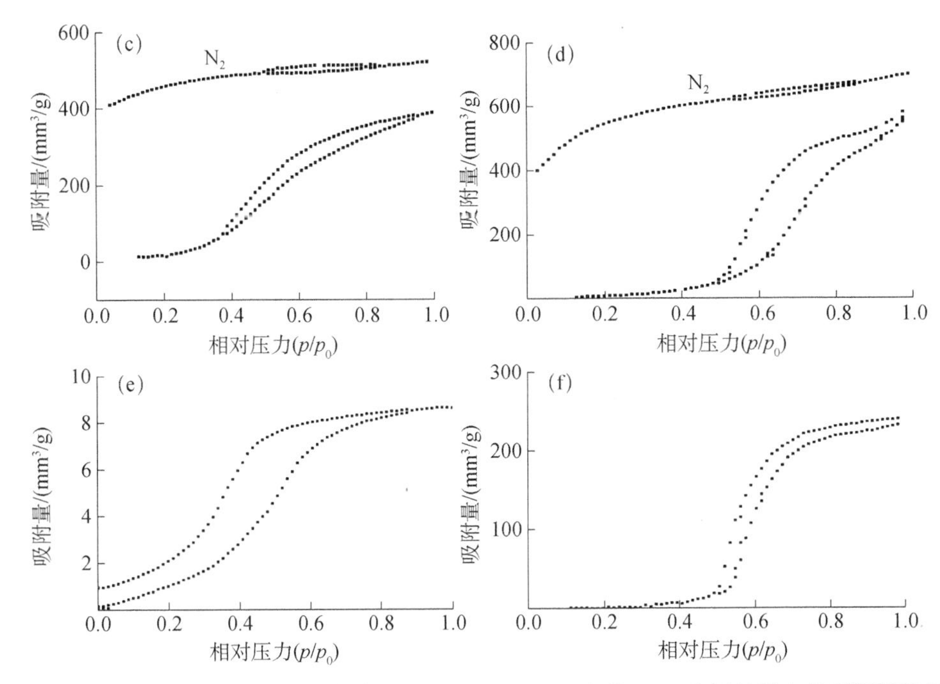

图 7.14　水蒸气（(a) ～ (f)），氮气（(a)、(c)、(d)）和苯（b）在活性炭上的吸附等温线；（e）在 1200 ℃脱氧的煤焦油沥青；（f）活性炭

在各种各样的炭中，另一个复杂的因素是灰分存在，这些灰分通常是亲水的；如果活性炭高温处理后其灰分以 MgO、CaO 的形式存在，当然这些灰分就会以化学方式和物理方式吸附水。

令人费解的是，服从 Gurvitch 规则绝不是普遍情况，饱和状态的水（液态）的体积通常小于其他吸附质的体积。例如，在图 7.14 中处于饱和或接近饱和态时，水蒸气的吸附量（全部用液态体积表示）在（a）、（c）和（d）各图中分别为 670 mm^3/g、490 mm^3/g 和 800 mm^3/g；而相应的氮的吸附量则分别为 790 mm^3/g、570 mm^3/g 和 770 mm^3/g。图 7.14（b）中，苯的吸附量为 660 mm^3/g，而水的则为 600 mm^3/g。这些结果可以认为，由于氢键的作用而形成了一种更为疏松的结构，这种吸附水实际上可能不如普通水甚至冰致密。

7.5.2　在氧化硅上吸附

水蒸气在氧化硅上吸附的突出特点是对氧化硅样品的来源及其后处理非常敏感，尤其对样品加热温度更为敏感。图 7.15 表明，对某种特定的氧化硅，等温线主要和它的热处理温度有关；当温度升高时，等温线的位置逐渐下降，特别是在 400 ℃以上尤为明显，等温线的形状由低温时的Ⅱ型变为 600 ℃、800 ℃和 1000 ℃时的Ⅲ型。

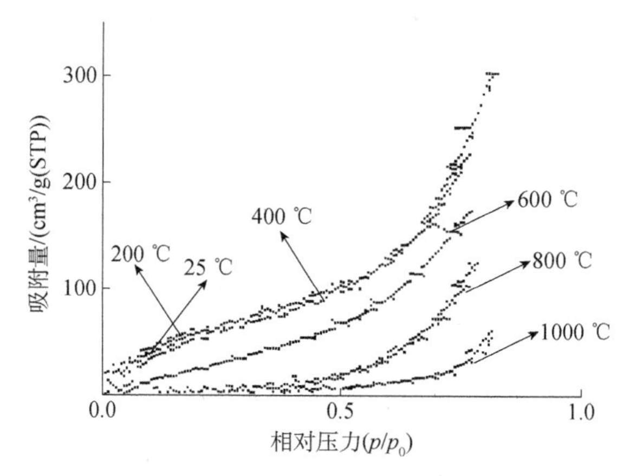

图 7.15 水蒸气 20 ℃时在经不同温度处理过的硅胶上的吸附等温线

现在人们已经认识到，这一特性反映了表面羟基化程度。未加热的氧化硅上这种羟基化程度接近 100%，1100 ℃加热后则接近 0%。如果氧化硅比表面积已知，也就是说，氦吸附量已知，由 1100 ℃的进一步加热失重，则可以得到相应于某一中间加热温度的表面（羟基）浓度。图 7.16 表示羟基含量（每 1 nm^2 表面上的羟基数目）对热处理温度的关系曲线。样品是通过四氯化硅加热水解制备的，在热处理之前浸没于液态水中充分羟基化。

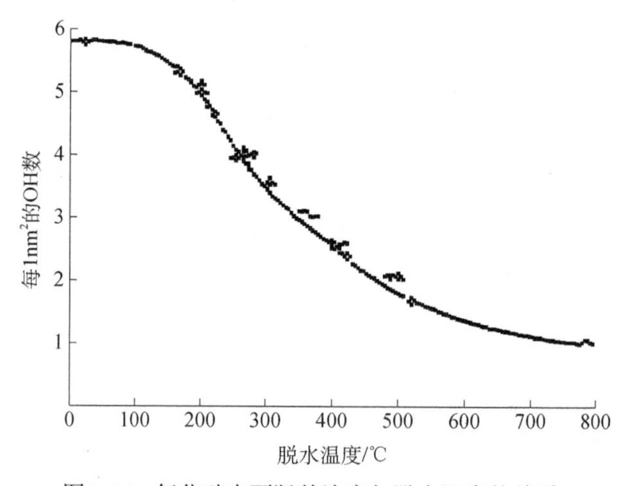

图 7.16 氧化硅表面羟基浓度与脱水温度的关系

部分脱羟基表面上，羟基大致可分为两类，这种分类根据羟基是否使其最靠近的部分足以接近表面而形成氢键的情况而定。能与表面形成氢键的羟基又可细分为“邻位”羟基（即两个相互作用的羟基与相邻的硅原子相连）和“成对”羟基（即两个羟基与同一硅原子相连）。随着热处理温度升高，游离羟基的比例增加；温度在 400 ℃以上，则几乎所有羟基都成了各种游离羟基。红外光谱在证实和进一步完善这种观点方面至关重要。

完全脱羟基的表面主要由一系列氧原子组成：Si—O 键基本上是共价的，因此硅原子几乎全被大得多的氧原子所屏蔽。这种表面代表一种极端情况，即使在 1100 ℃煅烧的样品上，仍然会残留微量的游离羟基。

水在充分羟基化的氧化硅上的吸附包括生成氢键，但就其性质而言基本上是物理吸附，而且在低压区内完全可逆。在非孔样品上等温线属于Ⅱ型（图 7.17（a）)，而在多孔样品上等温线则属于Ⅳ型，并且没有低压滞后现象。

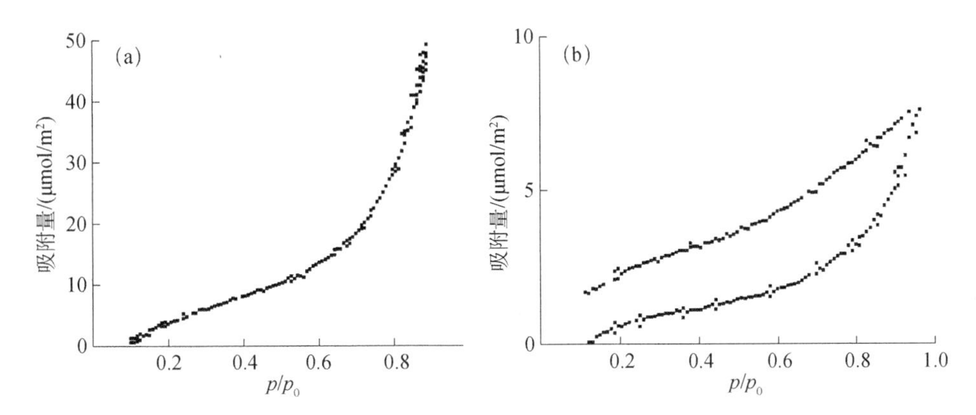

图 7.17　温度为 25 ℃时非孔氧化硅（TK800）上水蒸气的吸附等温线

（a）样品暴露于接近饱和的水蒸气中测定的等温线（$p/p_0 \approx 0.98$）；（b）样品于 1000 ℃脱气

当部分脱羟基氧化硅暴露于水蒸气中时，它就进行一个缓慢的重新羟基化过程。这一过程可发生在等温线测定中，并由于它速度的限制，这一过程会引起低压滞后现象。重新羟基化，很可能由物理吸附开始，即以水分子与表面某些残存的羟基形成的氢键为起点，继而发展为人们熟知的液态水和冰的四面体结构的分子簇团的基本形式。当一个吸附分子充分接近表面氧时，就会发生两个羟基的相互化学作用，但由于重新羟基化要求表面原子进行某种重排，所以将有一个活化过程，因而是缓慢的。由于表面原子具有促进簇团形成的独特能力，成对羟基就比游离羟基的羟基化作用更为迅速，并且低压滞后现象也相对减弱。

可以通过一些具体实例来说明对吸附等温线的影响因素。图 7.17（a）等温线是在非孔氧化硅样品制备之后，不重新加热，但暴露于近饱和水蒸气中以保证充分羟基化的情况下测定的，它具有Ⅱ型特征并完全可逆。1000 ℃脱气的样品(图7.17（b)），等温线则大不相同，吸附支非常类似于Ⅱ型，而等温线整个行程范围内都存在滞后现象。过程结束于 25 ℃脱气，仍残留有相当多的吸附质。

用多孔氧化硅进行实验得到类似结果。图 7.18 表示充分羟基化的硅胶的等温线。图 7.19 表示 900 ℃加热过的一种硅胶的吸附结果。第一条吸附=脱附环显示严重的滞后现象，该现象存在于整个压力范围；第二条吸附支与第一条完全不同，其原来的Ⅴ型部分几乎变成Ⅳ型等温线（在两种情况中，最后都向上翘起）；而第二条脱附支却与第一条脱附支重合。很显然，硅胶在等温线测定期间暴露于水蒸气中就会发生充分重新羟基化作用。

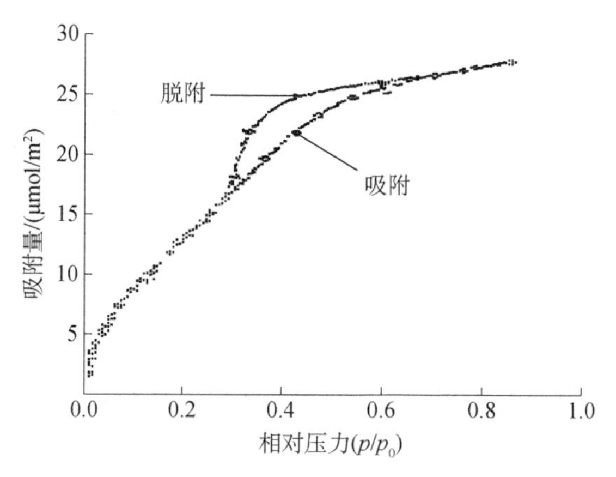

图 7.18　25 ℃时微孔硅胶 E 上水蒸气的吸附等温线

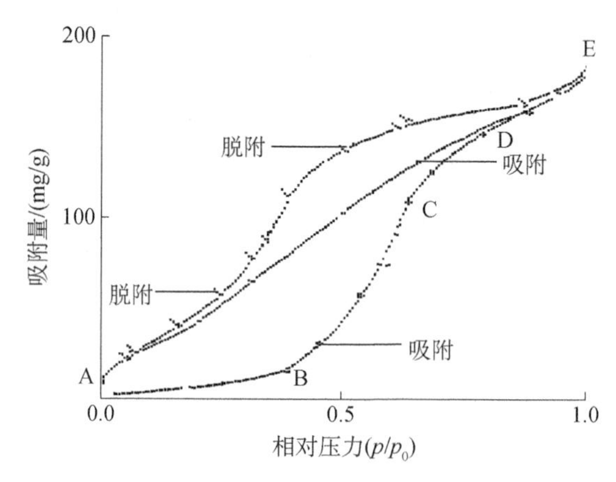

图 7.19　温度为 900 ℃加热过的硅胶上水蒸气的吸附等温线

Naono 及其合作者参照 Morimoto 的早期工作，系统研究了物理吸附水的 BET 单层吸附容量和硅胶表面羟基含量之间的关系。硅胶样品先在真空中从 25 ℃升温至 1000 ℃，维持 4 h；再由 1100 ℃灼烧进一步失重与 BET-N_2（吸附）面积结合，求出每种样品的羟基表面浓度 N_A。对每种样品都测定了 20 ℃时的两条完整的水吸附等温线。在吸附支顶端，脱附行程开始之前，将样品重新暴露在近饱和的水蒸气中 15 h，以保证完全重新羟基化。除了 25 ℃那条等温线外，所有其他等温线都显示出低压滞后现象，并且 25 ℃脱气后还残留一定量的吸附质（n_c），这是重新羟基化过程中不可逆吸附水的量。第二条等温线的脱附支与第一条吸附支的单层区平行，且在 n_c 下，证明重新羟基化是完全的。由残留吸附质量（n_c）可得化学吸附水（即由重新羟基化所形成的 OH 基）的表面浓度 N_c。最后将 BET 法用于第二条脱附等温线，即可估算出完全羟基化表面上物理吸附水的单层吸附容量 N_{p0}。N_c、N_h 和 N_p 都表示每 1 nm^2 表面上的有关数量。

表 7.3 中，N_p 与相应的完全羟基化样品的总羟基浓度（N_h+N_c）相比较清楚地证明，物理吸附是由表面的总羟基含量决定的；同时说明吸附是定位的。这对于说明以下事实有用。水的 BET 单层吸附容量 $n_m(H_2O)$可通过 BET 方法近似地由水的等温线计算出来，即每个羟基相当于 1 个水分子；由此可以提出一种估算表面羟基浓度的简便方法，因吸附是定位的，当然 $n_m(H_2O)$并不是指水分子的密堆积层。实际上，每个水分子所占面积由氧化硅的结构决定，$\sigma_m(H_2O)\approx0.2\ nm^2$。

表 7.3　硅胶表面上化学吸附和物理吸附水的含量

预处理温度/℃	比表面积/(m^2/g)	N_h(OH)	N_c(OH)	N_h+N_c	$N_p(H_2O)$
25	358	5.4	0.0	5.4	4.0
200	357	5.2	0.0	5.2	4.1
400	356	4.2	0.9	5.1	4.1
600	355	1.5	2.2	3.7	3.6
800	331	0.4	2.0	2.4	3.0
1000	267	0.0	0.9	0.9	—

7.5.3　在金属氧化物上吸附

人们对金属氧化物，特别是 Al、Cr、Fe、Mg、Ti 和 Zn 等的氧化物曾进行了详细的吸附研究，发现氧化硅脱羟基后所显示出的亲水性与上述氧化物不同。金属氧化物不断除去化学吸附的水后，增加了对水的亲和力。近年来，科研工作者非常关注这些氧化物对水的物理吸附和化学吸附机理的解释；并特别注重使用光谱和吸附技术来进行这种解释。下面的简述就是力图说明水在金属氧化物上的某些特性。

Hollabaugh 和 Chessick 对金红石进行的开拓性研究，测定了 450 ℃脱水后水的吸附等温线，并在上述行程终了，于 90 ℃抽真空后进行重复测定。他们发现，两条等温线在很宽的相对压力范围（$0.1<p/p_0<0.6$）内相互平行，而其间的差值则认为是化学吸附所致；还发现相应的化学吸附和物理吸附其比值为 1：1.8，而远非 1：2。

其他研究者进行了类似的研究：他们假定，在低温（通常是 25 ℃）下延长抽真空时间脱除物理吸附水，而不除去化学吸附水，那么，所得等温线就可认为是物理吸附所致。这些原理的应用，可参考 McCaffety 和 Zettlemoyer 对 α-Fe_2O_3 晶体的研究来说明。图 7.20 所示的那些等温线，是在 25～375 ℃范围内不同温度脱气（10^{-4} Pa，48 h）之后测定的。每一确定温度 T，一条初始等温线后，总有一条 25 ℃抽真空脱除物理吸附水后测定的重复等温线。所有重复等温线都落到或靠近 25 ℃脱气后测定的第一条等温线上，因此清楚地表明，所有样品的等温线都是物理吸附的。100 ℃或 100 ℃以上脱气样品所增加的吸附量，可认为是化学吸附所致；人们可由某一温度 T 与 25 ℃时的单层吸附容量 n_m 之间的差值来计算羟基化的程度。375 ℃脱气的样品，n_m 与每 1 nm^2 5.6 个—OH 相对应。有意思的是，完全羟基化的氧化硅接近于上述数值，即每 1 nm^2 5.2 个—OH。通过介电常量 ε'的测量能获得其他信息，而 ε'则是吸附水的表面覆盖度的函数。直至单层吸附完成，ε'几乎是一个常数，并与定位吸附相一致。可以认为，这是每个水分子与两个潜在的羟基形成氢键的结果。多层吸附一开始，ε'就急剧增加，这就说明：这些水分子能对交流电场起感应作用，因而这些水分子是可移动的。

Morimoto 及其合作者曾对氧化铁、氧化铝和氧化钛三种凝胶以及氧化硅上水的物理吸附和化学吸附进行了详细研究。每种样品都在 600 ℃脱气 8 h 后于 20 ℃或接近 20 ℃测定水的吸附等温线，30 ℃脱气之后重新测定一条等温线。在 100 ℃至 500 ℃范围内的一系列温度抽真空后，在同一样品上重复上述步骤。正如 Naono 后来的研究所表明的那样，每 1 nm^2 表面上的羟基数可通过 1100 ℃灼烧失重和样品的 BET 氮吸附面积来计算。

由第一条水吸附等温线计算的 BET 单层吸附容量 N_l，同时包括物理吸附水和化学吸附水；而由第二条等温线计算的 N_p 只包括物理吸附水。因此，N_l−N 这

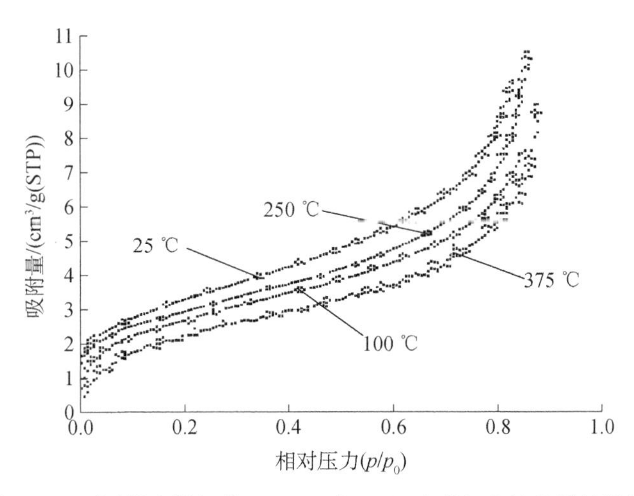

图 7.20　不同温度脱气的 α-Fe_2O_3 在 15 ℃水蒸气中的吸附等温线

一差值就是等温线测定期间作为羟基的化学吸附水量（N_c）。因而，N_c+N_h 就是测定水的第二条等温线时表面上的总羟基量。

表 7.4 有代表性的结果可见，第七列中 $N_p/(N_c+N_h)$比值在 0.4～0.7 范围内，(但用氧化硅时，这个比值则是 1∶1)，由此可以认为，物理吸附单层中每个水分子都与两个表面羟基成键。

表 7.4　氧化铝、氧化钛和氧化铁上水的物理吸附和化学吸附

氧化物	脱气温度/℃	吸附温度/℃	$N_p(H_2O)$	$N_c(H_2O)$	$N_h(H_2O)$	$\frac{N_p}{N_c+N_h}$
Al_2O_3	100	20	6.0	2.20	11.92	0.43
	300	20	6.0	4.89	6.04	0.55
	600	20	6.0	8.34	1.60	0.60
TiO_2	250	18	4.30	5.91	1.65	0.67
	600	18	4.14	6.35	0.10	0.64
α-Fe_2O_3	250	25	3.81	4.57	3.95	0.45
	600	25	4.04	7.91	0.22	0.50

注：N_p 为物理吸附水单层容量；N_c 为等温线测定期间所生成的化学吸附水量；N_h 为等温线测定前羟基含量。

7.5.4　在氧化钛上的吸附

Dawson、Parfitt 及其合作者研究发现，氧化钛上水的吸附等温线（有时，但并不总是）显示出一种异常特性，即在 p/p_0=0.2～0.3 范围内，在标有曲线交叉处呈现第二个拐点；此外，在较低的相对压力（即 p/p_0～0.05）处还有一个稍微圆滑的拐点。Dawson 认为，250 ℃脱气样品接近采用 $\alpha_m(H_2O)$=0.101 nm^2 水单层吸附的计算值。因而，研究者认为曲线交叉处的点是由于水蒸气在羟基化金红石表面上以单层密堆积的方式吸附所致。液态微分吸附熵（可由吸附等容热计算）在 Δs～0 的 X 点附近急剧由负值变为正值，可视为上述论断的证据。

然而，最近的结果对这种解释提出了一些怀疑。图 7.21 的等温线是分别在（1）25 ℃、（2）100 ℃、（3）150 ℃、（4）300 ℃和（5）25 ℃逐步脱气后测定的。应该注意：①只有等温线（4）、（5）显示出“X”点，它们在 p/p_0>0.1 范围内几乎是平行的；②等温线（2）、（3）在上述相同范围内同样是平行的；③等温线（1）、（5）虽然都是在 25 ℃脱气后测定的，但它们的形状大不相同。

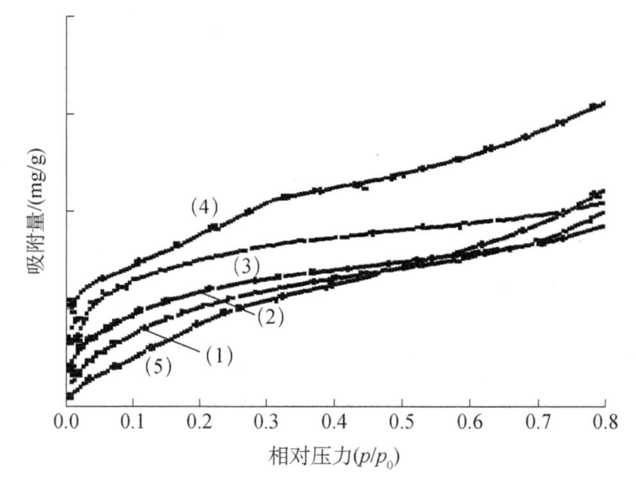

图 7.21 温度为 25 ℃时水在金红石上的吸附等温线

样品脱气温度：（1）25 ℃；（2）100 ℃；（3）150 ℃；（4）300 ℃；（5）25 ℃

为了解释这些结果，可以参考水与氧化钛相互作用的各种可能的机理。TiO_2 表面同时裸露着 Ti^{4+}和 O^{2-}，正如红外光谱、程序升温脱附以及吸附热测量表明的那样，水能以两种方式在 Ti^{4+}中心上化学吸附，即水能以配位体的方式，也能以—OH（由 Ti^{4+}和邻近的 O^{2-}离解作用所形成）的方式化学吸附在 Ti^{4+}中心上。配位吸附是快速的，而离解化学吸附则要活化，因而在室温下是缓慢的。正如 Day 和 Parfitt 指出的，在室温下游离羟基并不能明显加速重新羟基化作用。最后，水能在化学吸附层上面进行物理吸附。这种物理吸附是由配位水分子与表面羟基形成的氢键的方式进行的，还可以与表面氧化物离子形成氢键的方式进行。物理吸附水在低于 100 ℃温度下可通过延长脱气时间脱除；配位水在接近 100～300 ℃

范围内可逐渐除去，而羟基要在接近 200～600 ℃才能去除，游离羟基保持时间最长。

例如图 7.21 中，25 ℃第一次脱气只脱去物理吸附水，因此曲线（1）是完全羟基化样品上的物理吸附等温线。另外，300 ℃脱气则将除去所有的配位水和大部分羟基，因此测定等温线（4）时，Ti^{4+}在低相对压力下的化学吸附配位水重新生成羟基的数目很少。

化学吸附层上，水的物理吸附以前面叙述过的方式进行。因此等温线（4）表示的是化学吸附和物理吸附的综合结果。物理吸附水在 25 ℃时可采用不断脱气的方式除去，而在等温线（5）测定期间又重新出现，化学吸附水则不然。于是，在 X 和 X ′的地方等温线的垂直距离（相当于 150 μmol/ g）等于 25 ℃脱气后保存下来的配位水的量。等温线（1）、（5）遵循不同历程，那是表面性质发生变化的结果。事实表明，这是因升温脱气而除去羟基所致。

以前用水密堆积单层来解释 X 点，看来证据不足。实验已清楚地证实，在 X 点总吸附量是 327 μmol/g，其中包含化学吸附的贡献 150 μmol/g，故物理吸附仅占 177 μmol/g，这一数量相当于每个水分子为 0.21 nm^2。以 X 点总吸附量来计算则相当于每个水分子为 0.112 nm^2，而这一数值接近密堆积单层时每个水分子为 0.105 nm^2，这些事实应看成偶然情况。

由金红石上氮吸附的不同能量，可大致建立起这样的概念，而这些概念可以用现代微量热学研究来获得。150 ℃脱气后所得数值稍低于氧化硅在相似的脱气和表面覆盖度条件下所得结果；但是，250 ℃脱气后，20%表面上和 400 ℃脱气后，～40%表面上，其结果后者比前者高出 20 kJ/mol。人们认为，这是氮和裸露的阳离子强烈相互作用的结果。

Della Gatta 及其合作者在研究水蒸气与完全脱羟基的 γ-Al_2O_3 相互作用时，微量热测量证明在同上述一样的体系中，水非解离化学吸附是不活泼的，而解离化学吸附则总是活泼的。于是，当温度升到 150 ℃以上时，两种化学吸附态之间的准平衡移向解离化学吸附方面。

讨论氧化物上水的吸附，不考虑不可逆效应是不全面的。不可逆效应在氧化物、氢氧化物、氧化物-氢氧化物样品暴露于水蒸气时常常遇到。这些效应（“低温老化”）是复杂的，并很难完全重复。因为比表面积、孔结构的影响，所以有时晶体结构本身也在发生变化。

这些老化现象中水起着双重作用。一方面，表面水配位体的存在降低了表面能而有助于体系稳定，因而可延缓甚至阻止老化：另一方面，如果除去水，胶体结构就会发生部分坍塌，但一旦所有的水分子都除去了，体系又会稳定下来。室温下老化可能是相当缓慢的，氮、氩等的重复性等温线测定将持续数天，甚至一周。然而，如果介稳态样品暴露于水蒸气中，老化则大大加速，因为吸附水能促进固体表面层中离子的迁移运动。

鉴于表面水合作用，羟基化作用和老化作用可导致如此的复杂性，如果人们想要得出关于所研究的吸附过程的本质的正确结论，那么，就必须校核水的等温线的重复性和可逆性。诚然，只要这些信息可作为单独的资料数据推广应用，诸如氮吸附等温线、电子显微术，那么吸附特性随时间推移所观察到的任何变化就可提供关于老化深度和老化机理的有价值的信息。

第 8 章　气体吸附测定比表面积和孔径分布

8.1　吸附物的选择

为了实现由一条吸附等温线计算出比表面积和孔径分布，氮是最合适的吸附质。要是仅测定比表面积，可选择氩气作为吸附质。但是，氩气不能在 77 K 附近的温度下用来评价孔径分布。如果比表面积相当小（比如说，$<5\ \mathrm{m^2/g}$），也可以用氪气在 77 K 下吸附。在氪气吸附的实际测量中，精密度可能较高，但所计算出的比表面积值并不一定比氮气、氩气吸附测定的结果更准确。除了研究表面结构时用例如水和醇采用探针分子计算微孔尺寸（例如用大小、形状不同的分子）之外，不推荐用其他吸附质。

8.2　实验方法的选择

一般推荐用容量法。要求在高相对压力下有较好的精密度（如测定孔径分布）时尤其是这样。然而，若在吸附测量的同时也需要测量吸附剂本身的质量变化（比如说，由于氧化、还原或热分解反应的结果），重量法（例如自动记录真空微量天平或石英弹簧）是有效的。采用吸附天平在低温下测定孔径分布时，重要的是考虑吸附剂样品和冷阱之间的温差。最好是选用合适的非孔样品在一定条件下测量参考等温线。使用现在的自动仪器测量的数据，其可靠性也应作类似的校正。

8.3　吸附剂脱气

在测定吸附等温线之前，要除去吸附剂表面的所有物理吸附物。为此，最好将表面暴露在高真空中，所需的严格条件（温度和残压）依不同的气-固系统而异。在常规比表面积测定中，一般不必除去存在的所有化学吸附物。例如，羟基化氧化硅通常在～150 ℃下脱气。然而如沸石或活性炭这样的微孔吸附剂，为了从其最小的孔中完全除去物理吸附物，需要更高的温度（比如，350～400 ℃），在此温度下，通常脱气 6～10 h（例如过夜）就足以将残压减至～10^{-2} Pa(10^{-4} Torr)。

8.4　吸附等温线的解释

必须考虑许多可能的误差来源。容量法中应注意如下几条：①冷阱中液氮的液面恒定；②样品瓶浸入深度≥5 cm；③样品温度用紧靠样品瓶的蒸气压力温度计记录；④吸附质纯度最好是 99.9%；⑤气体容器（剂量器、死空间等）的温度要控制到～0.1 ℃。使用重量法时，要确定浮力校正值。必须特别注意吸附剂温度，因为在样品与天平“盒”之间难免存在空隙。

8.5　等温线的重复性与可逆性

对处于一定温度下的一定系统，等温线应该可以重复。但是，始终必须记住吸附剂老化的可能性（例如吸取水或脱除水）。只要有可能，应该测量同一类样品的第二个（样品量不同）样品以核对吸附的重复性。吸附滞后作用有两类：①通常与毛细管凝聚相联系的滞后回线；②低压滞后现象。滞后现象的起因可能是由于“活化了的入口”，或者是吸附剂发生了变化，例如不坚硬结构被泡胀。

8.6　等温线类型和滞后回线类型

解释等温线的第一步是鉴定等温线类型并据此鉴定吸附过程的性质，单层-多层吸附毛细凝聚或微孔填充。若等温线展示低压滞后作用（亦即 77 K 下氮吸附时，在 $p/p_0<0.4$ 开始的滞后现象），应当核对测量方法以确定测量的准确度和重复性。在某些情况下，可以把滞后回线与吸附剂的结构关联起来（例如，B 型滞后回线可能与缝隙形孔或板状粒子相联系）。

8.7 BET 法分析

若等温线是Ⅰ型或Ⅲ型，BET 法不大可能得到真实的比表面积。另外，Ⅱ型和Ⅳ型等温线只要 c 值不太大，而且包含 B 点的区域是线性的，一般可以用 BET 法处理。建议 c 值和 BET 图的线性范围都要作记录。若发现 c 值高于一定的气-固系统正常值，那么，即使是Ⅱ型或Ⅳ型等温线，也应推测有微孔存在。因此，BET 面积的可靠性需要核对，例如用 α_s 线法进行核对，目的是查明等温线的形状与单层区的标准等温线会一致到什么程度。

8.8 中孔孔径分布计算

仅仅当等温线是Ⅳ型时，中孔孔径分布的计算才是可靠的。鉴于应用 Kelvin 方程时所固有的不可靠性以及大多数孔系统的复杂性，用复杂的计算方法也难以获得可靠结果。就多数应用场合而言，Roberts 法（或类似方法）是能满足要求的，在进行比较研究时特别适用。选择吸附支还是脱附支进行计算，多半仍然是任意决定的。若采用脱附分支进行计算（大多数工作者赞成这种选择），就需要考虑到 B 型和 E 型滞后回线大概都不能得到可靠的孔分布计算，甚至即使作比较研究也是这样。

8.9 微孔性的估计

若Ⅰ型等温线在较高相对压力区展示接近常数的吸附量，则由平台区的吸附量（换算为液体体积）便得到微孔体积，因为中孔体积和外表面都相当小。在更常见的情况下，Ⅰ型等温线在较高相对压力时有一定的斜率，则只要可以利用适当的非孔参考固体的标准等温线，用 α_s 线法可以求得外表面积和微孔体积。另一方面，在适当情况下，可用壬烷预吸附法来区分微孔填充过程与表面覆盖过程。然而，目前还没有可靠的方法由一条等温线计算微孔孔径分布。但是，若微孔尺寸延伸至分子尺寸范围，则尺寸经过选择的吸附物分子可以作为测定微孔孔径分布的探针分子。

参考文献

Abdi J, Vossoughi M, Mahmoodi N M, et al. 2017. Synthesis of metal-organic framework hybrid nanocomposites based on GO and CNT with high adsorption capacity for dye removal. Chemical Engineering Journal, 326: 1145-1158.

Acosta R, Fierro V, de Yuso A M, et al. 2016. Tetracycline adsorption onto activated carbons produced by KOH activation of tyre pyrolysis char. Chemosphere, 149: 168-176.

Adam O, Bitschené M, Torri G, et al. 2005. Studies on adsorption of propiconazole on modified carbons. Separation and Purification Technology, 46(1): 11-18.

Ahmad A, Loh M M, Aziz J A. 2007. Preparation and characterization of activated carbon from oil palm wood and its evaluation on methylene blue adsorption. Dyes and Pigments, 75(2): 263-272.

Ahmad A, Mohd-Setapar S H, Chuong C S, et al. 2015. Recent advances in new generation dye removal technologies: Novel search for approaches to reprocess wastewater. RSC Advances, 5(39): 30801-30818.

Ahmad A L, Tan L S, Shukor S R A. 2008. Dimethoate and atrazine retention from aqueous solution by nanofiltration membranes. Journal of Hazardous Materials, 151(1): 71-77.

Ahmed M J, Dhedan S K. 2012. Equilibrium isotherms and kinetics modeling of methylene blue adsorption on agricultural wastes-based activated carbons. Fluid Phase Equilibria, 317: 9-14.

Ahmed M J, Theydan S K. 2014. Optimization of microwave preparation conditions for activated carbon from Albizia lebbeck seed pods for methylene blue dye adsorption. Journal of Analytical and Applied Pyrolysis, 105: 199-208.

Aktas Ö, Çeçen F. 2007. Adsorption, desorption and bioregeneration in the treatment of 2-chlorophenol with activated carbon. Journal of Hazardous Materials, 141(3): 769-777.

Alabadi A, Razzaque S, Yang Y W, et al. 2015. Highly porous activated carbon materials from carbonized biomass with high CO_2 capturing capacity. Chemical Engineering Journal, 281: 606-612.

Altenor S, Carene B, Emmanuel E, et al. 2009. Adsorption studies of methylene blue and phenol onto vetiver roots activated carbon prepared by chemical activation. Journal of Hazardous Materials,

165(1): 1029-1039.

Alvarez-Torrellas S, Rodríguez A, Ovejero G, et al. 2016. Comparative adsorption performance of ibuprofen and tetracycline from aqueous solution by carbonaceous materials. Chemical Engineering Journal, 283: 936-947.

Ayranci E, Hoda N. 2005. Adsorption kinetics and isotherms of pesticides onto activated carbon-cloth. Chemosphere, 60(11): 1600-1607.

Azizian S, Haerifar M, Bashiri H. 2009. Adsorption of methyl violet onto granular activated carbon: Equilibrium, kinetics and modeling. Chemical Engineering Journal, 146(1): 36-41.

Babel K, Jurewicz K. 2008. KOH activated lignin based nanostructured carbon exhibiting high hydrogen electrosorption. Carbon, 46(14): 1948-1956.

Barnett M J, Palumbo-Roe B, Deady E A, et al. 2020. Comparison of three approaches for bioleaching of rare earth elements from bauxite. Minerals, 10(8): 18.

Bedin K C, Martins A C, Cazetta A L, et al. 2016. KOH-activated carbon prepared from sucrose spherical carbon: Adsorption equilibrium, kinetic and thermodynamic studies for methylene blue removal. Chemical Engineering Journal, 286: 476-484.

Belle G, Fossey A, Esterhuizen L, et al. 2021. Contamination of groundwater by potential harmful elements from gold mine tailings and the implications to human health: A case study in welkom and virginia, free state province, south africa. Groundwater Sustain Dev, 12: 7.

Bello O S, Adeogun I A, Ajaelu J C, et al. 2008. Adsorption of methylene blue onto activated carbon derived from periwinkle shells: Kinetics and equilibrium studies. Chem Ecol, 24(4): 285-295.

Bello O S, Ahmad M A. 2012. Coconut shell based activated carbon for the removal of malachite green dye from aqueous solutions. Sep Sci Technol, 47(6): 903-912.

Berrios M, Martín M A, Martín A. 2012. Treatment of pollutants in wastewater: Adsorption of methylene blue onto olive-based activated carbon. Journal of Industrial and Engineering Chemistry, 18(2): 780-784.

Binnemans K, Jones P T, Blanpain B, et al. 2013. Recycling of rare earths: A critical review. J Clean Prod, 51: 1-22.

Bolaños-Benítez V, van Hullebusch E D, Lens P N L, et al. 2018.(Bio)leaching behavior of chromite tailings. Minerals, 8(6): 23.

Borja D, Nguyen K A, Silva R A, et al. 2016. Experiences and future challenges of bioleaching research in South Korea. Minerals, 6(4): 21.

Bosecker K. 1997. Bioleaching: Metal solubilization by microorganisms. FEMS Microbiol Rev, 20(3-4): 591-604.

Brierley C L. 2001. Bacterial succession in bioheap leaching. Hydrometallurgy, 59(2-3): 249-255.

Brierley C L. 2008. How will biomining be applied in future. Trans Nonferrous Met Soc China, 18(6): 1302-1310.

Brisson V L, Zhuang W Q, Alvarez-Cohen L. 2016. Bioleaching of rare earth elements from monazite sand. Biotechnol Bioeng, 113(2): 339-348.

Bui T X, Choi H. 2010. Comment on adsorption and desorption of oxytetracycline and carbamazepine by multiwalled carbon nanotubes. Environmental Science & Technology, 44(12): 4828.

Bustin R M, Clarkson C R. 1998. Geological controls on coalbed methane reservoir capacity and gas content. Int J Coal Geol, 38(1-2): 3-26.

Cao J, Dai L C, Sun H T, et al. 2019. Experimental study of the impact of gas adsorption on coal and gas outburst dynamic effects. Process Saf Environ Protect, 128: 158-166.

Cárdenas J P, Quatrini R, Holmes D S. 2016. Genomic and metagenomic challenges and opportunities for bioleaching: A mini-review. Res Microbiol, 167(7): 529-538.

Chaffee A L, Knowles G P, Liang Z, et al. 2007. CO_2 capture by adsorption, Materials and process development. Int J Greenh Gas Control, 1(1): 11-18.

Chang C F, Chang C Y, Hsu K E, et al. 2008. Adsorptive removal of the pesticide methomyl using hypercrosslinked polymers. Journal of Hazardous Materials, 155(1-2): 295-304.

Chen J H, Tang D, Zhong S P, et al. 2020. The influence of micro-cracks on copper extraction by bioleaching. Hydrometallurgy, 191: 7.

Chen L, Liu K Y, Jiang S, et al. 2021. Effect of adsorbed phase density on the correction of methane excess adsorption to absolute adsorption in shale. Chem Eng J, 420: 13.

Chingombe P, Saha B, Wakeman R J. 2006. Effect of surface modification of an engineered activated carbon on the sorption of 2, 4-dichlorophenoxy acetic acid and benazolin from water. Journal of Colloid and Interface Science, 297(2): 434-442.

Chiu K L, Ng D H L. 2012. Synthesis and characterization of cotton-made activated carbon fiber and its adsorption of methylene blue in water treatment. Biomass and Bioenergy, 46: 102-110.

Cruz-Jiménez G, Loredo-Portales R, Del Rio-Salas R, et al. 2020. Multi-synchrotron techniques to constrain mobility and speciation of Zn associated with historical mine tailings. Chem Geol, 558: 12.

de Kock S H, Barnard P, du Plessis C A. 2004. Oxygen and carbon dioxide kinetic challenges for thermophilic mineral bioleaching processes. Biochem Soc Trans, 32: 273-275.

de Luna M D G, Flores E D, Genuino D A D, et al. 2013. Adsorption of Eriochrome Black T(EBT)dye using activated carbon prepared from waste rice hulls-optimization, isotherm and kinetic studies. Journal of the Taiwan Institute of Chemical Engineers, 44(4): 646-653.

Demiral H, Güngör C. 2016. Adsorption of copper(II)from aqueous solutions on activated carbon prepared from grape bagasse. Journal of Cleaner Production, 124: 103-113.

Dich J, Zahm S H, Hanberg A, et al. 1997. Pesticides and cancer. Cancer Causes Control, 8(3): 420-443.

Djeridi W, Ben Mansour N, Ouederni A, et al. 2015. Influence of the raw material and nickel oxide on the CH_4 capture capacity behaviors of microporous carbon. International Journal of Hydrogen Energy, 40(39): 13690-13701.

Djilani C, Zaghdoudi R, Djazi F, et al. 2015. Adsorption of dyes on activated carbon prepared from apricot stones and commercial activated carbon. Journal of the Taiwan Institute of Chemical Engineers, 53: 112-121.

El Gamal M, Mousa H A, El-Naas M H, et al. 2018. Bio-regeneration of activated carbon: A comprehensive review. Separation and Purification Technology, 197: 345-359.

El Qada E N, Allen S J, Walker G M. 2006. Adsorption of methylene blue onto activated carbon produced from steam activated bituminous coal: A study of equilibrium adsorption isotherm. Chemical Engineering Journal, 124(1): 103-110.

El-Hendawy A N A. 2009. The role of surface chemistry and solution pH on the removal of Pb^{2+} and Cd^{2+} ions via effective adsorbents from low-cost biomass. Journal of Hazardous Materials, 167(1-3): 260-267.

Elmayel I, Esbrí J M, Efrén G O, et al. 2020. Evolution of the speciation and mobility of Pb, Zn and Cd in relation to transport processes in a mining environment. Int J Environ Res Public Health, 17(14): 16.

El Sheikh A H, Sweileh J A, Al-Degs Y S, et al. 2008. Critical evaluation and comparison of enrichment efficiency of multi-walled carbon nanotubes, C18 silica and activated carbon towards some pesticides from environmental waters. Talanta, 74(5): 1675-1680.

Fallah Z, Zare E N, Ghomi M, et al. 2021. Toxicity and remediation of pharmaceuticals and pesticides using metal oxides and carbon nanomaterials. Chemosphere, 275: 37.

Faur C, Métivier-Pignon H, Le Cloirec P. 2005. Multicomponent adsorption of pesticides onto activated carbon fibers. Adsorpt-J Int Adsorpt Soc, 11(5-6): 479-490.

Fonti V, Dell'anno A, Beolchini F. 2016. Does bioleaching represent a biotechnological strategy for remediation of contaminated sediments. Sci Total Environ, 563: 302-319.

Foroutan A, Ghaziani S B, Abadi M, et al. 2021. Intensification of zinc bioleaching from a zinc-iron bearing ore by condition optimization and adding catalysts. Trans Indian Inst Met, 74(1): 1-8.

Ganiyu S A, Ajumobi O O, Lateef S A, et al. 2017. Boron-doped activated carbon as efficient and selective adsorbent for ultra-deep desulfurization of 4, 6-dimethyldibenzothiophene. Chemical Engineering Journal, 321: 651-661.

Gao J J, Qin Y B, Zhou T, et al. 2013. Adsorption of methylene blue onto activated carbon produced from tea seed shells: Kinetics, equilibrium, and thermodynamics studies. J of Zhejiang Univ SCI B, 14(7): 650-658.

Gao Y, Zhang W L, Yue Q Y, et al. 2014. Simple synthesis of hierarchical porous carbon from Enteromorpha prolifera by a self-template method for supercapacitor electrodes. Journal of Power Sources, 270: 403-410.

Garg S, Judd K, Mahadevan R, et al. 2017. Leaching characteristics of nickeliferous pyrrhotite tailings from the Sudbury, Ontario area. Can Metall Q, 56(4): 372-381.

Gavrilescu M. 2005. Fate of pesticides in the environment and its bioremediation. Eng Life Sci, 5(6): 497-526.

Ghaedi M, Mazaheri H, Khodadoust S, et al. 2015. Application of central composite design for simultaneous removal of methylene blue and Pb^{2+} ions by walnut wood activated carbon. Spectroc Acta Pt A-Molec and Biomolec Spectr, 135: 479-490.

Giese E C, Carpen H L, Bertolino L C, et al. 2019. Characterization and bioleaching of nickel laterite ore using Bacillus subtilis strain. Biotechnol Prog, 35(6): 7.

Goebel B M, Stackebrandt E. 1994. Cultural and phylogenetic analysis of mixed microbial populations found in natural and commercial bioleaching environments. Appl Environ Microbiol, 60(5): 1614-1621.

Gokce Y, Aktas Z. 2014. Nitric acid modification of activated carbon produced from waste tea and adsorption of methylene blue and phenol. Applied Surface Science, 313: 352-359.

Gopikrishnan V, Vignesh A, Radhakrishnan M, et al. 2020. Microbial Leaching of Heavy Metals From E-Waste: Opportunities and Challenges. Amsterdam: Elsevier.

Goswami M, Phukan P. 2017. Enhanced adsorption of cationic dyes using sulfonic acid modified activated carbon. Journal of Environmental Chemical Engineering, 5(4): 3508-3517.

Gregg S J, Sing K S W. 1989. Adsorption, Surface Area and Porosity, 吸附、比表面积和孔隙率. 高敬踪, 等译. 北京: 化学工业出版社.

Guan W J, Liang W H, Zhao Y, et al. 2020. Comorbidity and its impact on 1590 patients with COVID-19 in China: a nationwide analysis. Eur Resp J, 55(5): 14.

Guo Z H, Zhang L, Cheng Y, et al. 2010. Effects of pH, pulp density and particle size on solubilization of metals from a Pb/Zn smelting slag using indigenous moderate thermophilic bacteria. Hydrometallurgy, 104(1): 25-31.

Gupta V K, Gupta B, Rastogi A, et al. 2011. Pesticides removal from waste water by activated carbon prepared from waste rubber tire. Water Res, 45(13): 4047-4055.

Güzel F, Saygili H. 2016. Adsorptive efficacy analysis of novel carbonaceous sorbent derived from grape industrial processing wastes towards tetracycline in aqueous solution. Journal of the Taiwan Institute of Chemical Engineers, 60: 236-240.

Hajdu-Rahkama R, Ahoranta S, Lakaniemi A M, et al. 2019. Effects of elevated pressures on the activity of acidophilic bioleaching microorganisms. Biochem Eng J, 150: 9.

Hamadi N K, Swaminathan S, Chen X D. 2004. Adsorption of Paraquat dichloride from aqueous solution by activated carbon derived from used tires. Journal of Hazardous Materials, 112(1-2): 133-141.

Hameed B H, Ahmad A L, Latiff K N A. 2007. Adsorption of basic dye (methylene blue) onto activated carbon prepared from rattan sawdust. Dyes and Pigments, 75(1): 143-149.

Hameed B H, Salman J M, Ahmad A L. 2009. Adsorption isotherm and kinetic modeling of 2, 4-D pesticide on activated carbon derived from date stones. Journal of Hazardous Materials, 163(1): 121-126.

Han J X, Duan J Z, Chen P, et al. 2011. Molybdenum carbide-catalyzed conversion of renewable oils into diesel-like hydrocarbons. Adv Synth Catal, 353(14-15): 2577-2583.

Han Y H, Quan X, Chen S, et al. 2006. Electrochemically enhanced adsorption of aniline on activated carbon fibers. Separation and Purification Technology, 50(3): 365-372.

Hao X D, Liu X D, Yang Q, et al. 2018. Comparative study on bioleaching of two different types of low-grade copper tailings by mixed moderate thermophiles. Trans Nonferrous Met Soc China, 28(9): 1847-1853.

Hao Z, Wang C H, Yan Z S, et al. 2018. Magnetic particles modification of coconut shell-derived activated carbon and biochar for effective removal of phenol from water. Chemosphere, 211: 962-969.

Heo Y J, Park S J. 2015. Synthesis of activated carbon derived from rice husks for improving hydrogen storage capacity. Journal of Industrial and Engineering Chemistry, 31: 330-334.

Huang H X, Li R X, Jiang Z X, et al. 2020. Investigation of variation in shale gas adsorption capacity with burial depth: Insights from the adsorption potential theory. J Nat Gas Sci Eng, 73: 11.

Hubau A, Guezennec A G, Joulian C, et al. 2020. Bioleaching to reprocess sulfidic polymetallic primary mining residues: Determination of metal leaching mechanisms. Hydrometallurgy, 197: 14.

Huerta-Rosas B, Cano-Rodríguez I, Gamiño-Arroyo Z, et al. 2020. Aerobic processes for bioleaching manganese and silver using microorganisms indigenous to mine tailings. World J Microbiol Biotechnol, 36(8): 16.

Hwang H T, Varma A. 2014. Hydrogen storage for fuel cell vehicles. Curr Opin Chem Eng, 5: 42-48.

Jawad A H, Abd Rashid R, Ishak M A M, et al. 2016. Adsorption of methylene blue onto activated carbon developed from biomass waste by H_2SO_4 activation: Kinetic, equilibrium and thermodynamic studies. Desalin Water Treat, 57(52): 25194-25206.

Jeirani Z, Niu C H, Soltan J. 2017. Adsorption of emerging pollutants on activated carbon. Rev Chem Eng, 33(5): 491-522.

Jiang W B, Lin M. 2018. Molecular dynamics investigation of conversion methods for excess adsorption amount of shale gas. J Nat Gas Sci Eng, 49: 241-249.

Jyothi R K, Thenepalli T, Ahn J W, et al. 2020. Review of rare earth elements recovery from secondary resources for clean energy technologies: Grand opportunities to create wealth from waste. J Clean Prod, 267: 26.

Kaksonen A H, Lakaniemi A M, Tuovinen O H. 2020. Acid and ferric sulfate bioleaching of uranium ores: A review. J Clean Prod, 264: 25.

Karaçetin G, Sivrikaya S, Imamoglu M. 2014. Adsorption of methylene blue from aqueous solutions by activated carbon prepared from hazelnut husk using zinc chloride. Journal of Analytical and Applied Pyrolysis, 110: 270-276.

Kazeem T S, Lateef S A, Ganiyu S A, et al. 2018. Aluminium-modified activated carbon as efficient adsorbent for cleaning of cationic dye in wastewater. Journal of Cleaner Production, 205: 303-312.

Khezami L, Capart R. 2005. Removal of chromium(VI)from aqueous solution by activated carbons: Kinetic and equilibrium studies. Journal of Hazardous Materials, 123(1-3): 223-231.

Kicinska A, Wikar J. 2021. Ecological risk associated with agricultural production in soils contaminated by the activities of the metal ore mining and processing industry-example from southern Poland. Soil Tillage Res, 205: 11.

Kim D W, Kil H S, Nakabayashi K, et al. 2017. Structural elucidation of physical and chemical activation mechanisms based on the microdomain structure model. Carbon, 114: 98-105.

Kim J A, Dodbiba G, Tanimura Y, et al. 2011. Leaching of rare-earth elements and their adsorption by using blue-green algae. Mater Trans, 52(9): 1799-1806.

Kim T Y, Park S S, Kim S J, et al. 2008. Separation characteristics of some phenoxy herbicides fromaqueous solution. Adsorpt-J Int Adsorpt Soc, 14(4-5): 611-619.

Kitous O, Cheikh A, Lounici H, et al. 2009. Application of the electrosorption technique to remove Metribuzin pesticide. Journal of Hazardous Materials, 161(2-3): 1035-1039.

Kobya M, Demirbas E, Senturk E, et al. 2005. Adsorption of heavy metal ions from aqueous solutions by activated carbon prepared from apricot stone. Bioresour Technol, 96(13): 1518-1521.

Kumar G G V, Kannan R S, Yang T C K, et al. 2019. An efficient "Ratiometric" fluorescent chemosensor for the selective detection of Hg^{2+} ions based on phosphonates: Its live cell imaging and molecular keypad lock applications. Anal Methods, 11(7): 901-916.

Kumar P S, Yaashikaa P R. 2020. Recent Trends and Challenges in Bioleaching Technologies. Amsterdam: Elsevier.

Kyzas G Z, Bomis G, Kosheleva R I, et al. 2019. Nanobubbles effect on heavy metal ions adsorption by activated carbon. Chemical Engineering Journal, 356: 91-97.

Lafi W K, Al-Qodah Z. 2006. Combined advanced oxidation and biological treatment processes for the removal of pesticides from aqueous solutions. Journal of Hazardous Materials, 137(1): 489-497.

Lam E, Luong J H T. 2014. Carbon materials as catalyst supports and catalysts in the transformation of biomass to fuels and chemicals. ACS Catalysis, 4(10): 3393-3410.

Larner B L, Seen A J, Townsend A T. 2006. Comparative study of optimised BCR sequential extraction scheme and acid leaching of elements in the certified reference material NIST 2711. Anal Chim Acta, 556(2): 444-449.

Lee J U, Lee S W, Chon H T, et al. 2009. Enhancement of arsenic mobility by indigenous bacteria from mine tailings as response to organic supply. Environ Int, 35(3): 496-501.

Lee S H. 2020. Current status of gold leaching technologies from low grade ores or tailings. Resources Recycling, 29(2): 3-7.

Lei C, Yan B, Chen T, et al. 2018. Silver leaching and recovery of valuable metals from magnetic tailings using chloride leaching. J Clean Prod, 181: 408-415.

Li B B, Yang K, Ren C H, et al. 2019. An adsorption-permeability model of coal with slippage effect under stress and temperature coupling condition. J Nat Gas Sci Eng, 71: 13.

Li Q M, Qi Y S, Gao C Z. 2015. Chemical regeneration of spent powdered activated carbon used in decolorization of sodium salicylate for the pharmaceutical industry. Journal of Cleaner Production, 86: 424-431.

Liew R K, Azwar E, Yek P N Y, et al. 2018. Microwave pyrolysis with KOH/NaOH mixture activation: A new approach to produce micro-mesoporous activated carbon for textile dye adsorption. Bioresour Technol, 266: 1-10.

Liu C E, Duan C Q, Meng X H, et al. 2020. Cadmium pollution alters earthworm activity and thus leaf-litter decomposition and soil properties. Environ Pollut, 267: 12.

Liu L X, Zhang J, Tan Y, et al. 2014. Rapid decolorization of anthraquinone and triphenylmethane dye using chloroperoxidase: Catalytic mechanism, analysis of products and degradation route. Chemical Engineering Journal, 244: 9-18.

Liu W F, Zhang J, Zhang C L, et al. 2011. Sorption of norfloxacin by lotus stalk-based activated carbon and iron-doped activated alumina: Mechanisms, isotherms and kinetics. Chemical Engineering Journal, 171(2): 431-438.

Liu W J, Wang X M, Zhang M H. 2017. Preparation of highly mesoporous wood-derived activated carbon fiber and the mechanism of its porosity development. Holzforschung, 71(5): 363-371.

Liu W J, Yao C, Wang M H, et al. 2013. Kinetics and thermodynamics characteristics of cationic yellow X-GL adsorption on attapulgite/rice hull-based activated carbon nanocomposites. Environ Prog Sustain Energy, 32(3): 655-662.

Liu Y G, Zhou M, Zeng G M, et al. 2007. Effect of solids concentration on removal of heavy metals from mine tailings via bioleaching. J Hazard Mater, 141(1): 202-208.

Liu Y G, Zhou M, Zeng G M, et al. 2008. Bioleaching of heavy metals from mine tailings by indigenous sulfur-oxidizing bacteria: Effects of substrate concentration. Bioresour Technol, 99(10): 4124-4129.

Mäkinen J, Salo M, Khoshkhoo M, et al. 2020. Bioleaching of cobalt from sulfide mining tailings; a mini-pilot study. Hydrometallurgy, 196: 6.

Malik R, Ramteke D S, Wate S R. 2007. Adsorption of malachite green on groundnut shell waste based powdered activated carbon. Waste Manage, 27(9): 1129-1138.

Maneerung T, Liew J, Dai Y J, et al. 2016. Activated carbon derived from carbon residue from biomass gasification and its application for dye adsorption: Kinetics, isotherms and thermodynamic studies. Bioresour Technol, 200: 350-359.

Mansouri H, Carmona R J, Gomis-Berenguer A, et al. 2015. Competitive adsorption of ibuprofen and amoxicillin mixtures from aqueous solution on activated carbons. Journal of Colloid and Interface Science, 449: 252-260.

Martins A C, Pezoti O, Cazetta A L, et al. 2015. Removal of tetracycline by NaOH-activated carbon produced from macadamia nut shells: Kinetic and equilibrium studies. Chemical Engineering Journal, 260: 291-299.

Mehrabani J V, Shafaei S Z, Noaparast M, et al. 2013. Bioleaching of sphalerite sample from Kooshk lead-zinc tailing dam. Trans Nonferrous Met Soc China, 23(12): 3763-3769.

Miguel G S, Lambert S D, Graham N J. 2001. The regeneration of field-spent granular- activated carbons. Water Res, 35(11): 2740-2748.

Mohan D, Singh K P. 2002. Single-and multi-component adsorption of cadmium and zinc using activated carbon derived from bagasse--an agricultural waste. Water Res, 36(9): 2304-2318.

Moradi O, Sharma G. 2021. Emerging novel polymeric adsorbents for removing dyes from wastewater: A comprehensive review and comparison with other adsorbents. Environ Res, 201: 19.

Morosanu I, Teodosiu C, Paduraru C, et al. 2017. Biosorption of lead ions from aqueous effluents by rapeseed biomass. New Biotech, 39: 110-124.

Mousavi S M, Yaghmaei S, Vossoughi M, et al. 2005. Comparison of bioleaching ability of two native mesophilic and thermophilic bacteria on copper recovery from chalcopyrite concentrate in an airlift bioreactor. Hydrometallurgy, 80(1-2): 139-144.

Moussavi G, Alahabadi A, Yaghmaeian K, et al. 2013. Preparation, characterization and adsorption potential of the NH_4Cl-induced activated carbon for the removal of amoxicillin antibiotic from water. Chemical Engineering Journal, 217: 119-128.

Mowafy A M. 2020. Biological leaching of rare earth elements. World J Microbiol Biotechnol, 36(4): 7.

Mu Z Q, Ning Z F, Ren C Y. 2022. Methane adsorption on shales and application of temperature-related composite models based on dual adsorption modes. J Pet Sci Eng, 208: 11.

Nabais J M V, Gomes J A, Suhas, et al. 2009. Phenol removal onto novel activated carbons made from lignocellulosic precursors: Influence of surface properties. Journal of Hazardous Materials, 167(1-3): 904-910.

Naseem R, Tahir S S. 2001. Removal of Pb(ii)from aqueous/acidic solutions by using bentonite as an adsorbent. Water Res, 35(16): 3982-3986.

Natarajan K A, Natarajan K A. 2018. Introduction-Status and Scope of Metals Biotechnology. Amsterdam: Elsevier.

Naushad M, Alothman Z A, Sharma G, et al. 2015. Kinetics, isotherm and thermodynamic investigations for the adsorption of Co(II)ion onto crystal violet modified amberlite IR-120 resin. Ionics, 21(5): 1453-1459.

Naushad M, Vasudevan S, Sharma G, et al. 2016. Adsorption kinetics, isotherms, and thermodynamic studies for Hg^{2+} adsorption from aqueous medium using alizarin red-S-loaded amberlite IRA-400 resin. Desalin Water Treat, 57(39): 18551-18559.

Ngoma E, Borja D, Smart M, et al. 2018. Bioleaching of arsenopyrite from Janggun mine tailings(South Korea)using an adapted mixed mesophilic culture. Hydrometallurgy, 181: 21-28.

Nyenda T, Gwenzi W, Gwata C, et al. 2020. Leguminous tree species create islands of fertility and influence the understory vegetation on nickel-mine tailings of different ages. Ecol Eng, 155: 10.

Ogungbenro A E, Quang D V, Al-Ali K A, et al. 2018. Physical synthesis and characterization of activated carbon from date seeds for CO_2 capture. Journal of Environmental Chemical Engineering, 6(4): 4245-4252.

Özacar M, Sengil I A. 2005. Adsorption of metal complex dyes from aqueous solutions by pine sawdust. Bioresour Technol, 96(7): 791-795.

Park S, Liang Y N. 2019. Bioleaching of trace elements and rare earth elements from coal fly ash. Int J Coal Sci Technol, 6(1): 74-83.

Pathak A, Dastidar M G, Sreekrishnan T R. 2009. Bioleaching of heavy metals from sewage sludge by indigenous iron-oxidizing microorganisms using ammonium ferrous sulfate and ferrous sulfate as energy sources: A comparative study. J Hazard Mater, 171(1-3): 273-278.

Perlatti F, Martins E P, de Oliveira D P, et al. 2021. Copper release from waste rocks in an abandoned mine(NE, Brazil)and its impacts on ecosystem environmental quality. Chemosphere, 262: 13.

Plaza M G, González A S, Pevida C, et al. 2012. Valorisation of spent coffee grounds as CO_2 adsorbents for postcombustion capture applications. Appl Energy, 99: 272-279.

Pouretedal H R, Sadegh N. 2014. Effective removal of Amoxicillin, Cephalexin, Tetracycline and Penicillin G from aqueous solutions using activated carbon nanoparticles prepared from vine wood. J Water Process Eng, 1: 64-73.

Purkait M K, DasGupta S, de S. 2005. Adsorption of eosin dye on activated carbon and its surfactant-based desorption. J Environ Manage, 76(2): 135-142.

Qin H, Guo X Y, Tian Q H, et al. 2020. Pyrite enhanced chlorination roasting and its efficacy in gold and silver recovery from gold tailing. Sep Purif Technol, 250: 10.

Rawlings D E, Johnson D B. 2007. The microbiology of biomining: development and optimization of mineral-oxidizing microbial consortia. Microbiology-(UK), 153: 315-324.

Rawlings D E. 2005. Characteristics and adaptability of iron-and sulfur-oxidizing microorganisms used for the recovery of metals from minerals and their concentrates. Microbe Cell Fact, 4(1): 13.

Rodrigues L A, da Silva M, Alvarez-Mendes M O, et al. 2011. Phenol removal from aqueous solution by activated carbon produced from avocado kernel seeds. Chemical Engineering Journal, 174(1): 49-57.

Rodrigues M L M, Giardini R M N, Pereira I, et al. 2021. Recovering gold from mine tailings: A selection of reactors forbio-oxidationat high pulp densities. J Chem Technol Biotechnol, 96(1): 217-226.

Sabo M, Henschel A, Frode H, et al. 2007. Solution infiltration of palladium into MOF-5: Synthesis, physisorption and catalytic properties. Journal of Materials Chemistry, 17(36): 3827-3832.

Sadeghieh S M, Ahmadi A, Hosseini M R. 2020. Effect of water salinity on the bioleaching of copper, nickel and cobalt from the sulphidic tailing of Golgohar Iron Mine, Iran. Hydrometallurgy, 198: 13.

Sajjadi S A, Mohammadzadeh A, Tran H N, et al. 2018. Efficient mercury removal from wastewater by pistachio wood wastes-derived activated carbon prepared by chemical activation using a novel activating agent. J Environ Manage, 223: 1001-1009.

Sakurovs R, Day S, Weir S, et al. 2008. Temperature dependence of sorption of gases by coals and charcoals. Int J Coal Geol, 73(3-4): 250-258.

Salman J M, Njoku V O, Hameed B H. 2011. Adsorption of pesticides from aqueous solution onto banana stalk activated carbon. Chemical Engineering Journal, 174(1): 41-48.

Salman J M, Njoku V O, Hameed B H. 2011. Bentazon and carbofuran adsorption onto date seed activated carbon: Kinetics and equilibrium. Chemical Engineering Journal, 173(2): 361-368.

Sarswat P K, Leake M, Allen L, et al. 2020. Efficient recovery of rare earth elements from coal-based resources: A bioleaching approach. Mater Today Chem, 16: 17.

Saucier C, Adebayo M A, Lima E C, et al. 2015. Microwave-assisted activated carbon from cocoa shell as adsorbent for removal of sodium diclofenac and nimesulide from aqueous effluents. Journal of Hazardous Materials, 289: 18-27.

Sekar M, Sakthi V, Rengaraj S. 2004. Kinetics and equilibrium adsorption study of lead(II)onto activated carbon prepared from coconut shell. Journal of Colloid and Interface Science, 279(2): 307-313.

Sha Y F, Lou J Y, Bai S Z, et al. 2015. Facile preparation of nitrogen-doped porous carbon from waste tobacco by a simple pre-treatment process and their application in electrochemical capacitor and CO_2 capture. Materials Research Bulletin, 64: 327-332.

Shabani M A, Irannajad M, Meshkini M, et al. 2019. Investigations on bioleaching of copper and zinc oxide ores. Trans Indian Inst Met, 72(3): 609-611.

Shafeeyan M S, Daud W, Houshmand A, et al. 2010. A review on surface modification of activated carbon for carbon dioxide adsorption. Journal of Analytical and Applied Pyrolysis, 89(2): 143-151.

Sharma A, Sharma G, Naushad M, et al. 2018. Remediation of anionic dye from aqueous system using bio-adsorbent prepared by microwave activation. Environ Technol, 39(7): 917-930.

Sharma G, Khosla A, Kumar A, et al. 2022. A comprehensive review on the removal of noxious pollutants using carrageenan based advanced adsorbents. Chemosphere, 289: 22.

Sharma G, Kumar A, Devi K, et al. 2018. Guar gum-crosslinked-Soya lecithin nanohydrogel sheets as effective adsorbent for the removal of thiophanate methyl fungicide. International Journal of Biological Macromolecules, 114: 295-305.

Sharma G, Kumar A, Ghfar A A, et al. 2022. Fabrication and characterization of xanthan gum-cl-poly(acrylamide-co-alginic acid)hydrogel for adsorption of cadmium ions from aqueous medium. Gels, 8(1): 23.

Sharma G, Kumar A, Naushad M, et al. 2018. Fabrication and characterization of Gum arabic-cl-poly(acrylamide)nanohydrogel for effective adsorption of crystal violet dye. Carbohydrate Polymers, 202: 444-453.

Sharma G, Kumar A, Naushad M, et al. 2021. Adsorptional-photocatalytic removal of fast sulphon black dye by using chitin-cl-poly/zirconium tungstate nanocomposite hydrogel. Journal of Hazardous Materials, 416: 125714.

Sharma G, Naushad M, Kumar A, et al. 2017. Efficient removal of Coomassie brilliant blue R-250 dye using starch/poly(alginic acid-cl-acrylamide)nanohydrogel. Process Saf Environ Protect, 109: 301-310.

Sharma G, Naushad M, Pathania D, et al. 2015. Modification of Hibiscus cannabinus fiber by graft copolymerization: Application for dye removal. Decalin Water Treat, 54(11): 3114-3121.

Sharma G, Thakur B, Kumar A, et al. 2020. Atrazine removal using chitin-cl-poly (acrylamide- co-itaconic acid) nanohydrogel: Isotherms and pH responsive nature. Carbohydrate Polymers, 241: 116258.

Sharma G, Thakur B, Kumar A, et al. 2020. Gum acacia-cl-poly(acrylamide)@carbon nitride nanocomposite hydrogel for adsorption of ciprofloxacin and its sustained release in artificial ocular solution. Macromol Mater Eng, 305(9): 2000274.

Sharma G, Thakur B, Naushad M, et al. 2018. Applications of nanocomposite hydrogels for biomedical engineering and environmental protection. Environmental Chemistry Letters, 16(1): 113-146.

Shi X F, Zhang X K, Jiang F X. 2019. A case study of fracture law and stress distribution characteristics of surrounding rock of working face in deep mines. Geotech Geol Eng, 37(4): 2935-2948.

Shin D, Kim J, Kim B S, et al. 2015. Use of phosphate solubilizing bacteria to leach rare earth elements from monazite-bearing ore. Minerals, 5(2): 189-202.

Shukla P R, Wang S B, Sun H Q, et al. 2010. Activated carbon supported cobalt catalysts for advanced oxidation of organic contaminants in aqueous solution. Appl Catal B-Environ, 100(3-4): 529-534.

Silverman M P. 1967. Mechanism of bacterial pyrite oxidation. J Bacteriol, 94(4): 1046-1051.

Singo N K, Kramers J D. 2020. Retreatability analysis of the Musina copper mine tailings in South Africa: An exploratory study. SN Appl Sci, 2(10): 12.

Song X, Wang L A, Li Y F, et al. 2018. Application of adsorption potential theory in prediction of CO_2 and CH_4 adsorption on carbon molecular sieves. Adsorpt Sci Technol, 36(9-10): 1669-1686.

Song Z X, Song G F, Tang W Z, et al. 2021. Molybdenum contamination dispersion from mining site to a reservoir. Ecotox Environ Safe, 208: 7.

Spagnoli A A, Giannakoudakis D A, Bashkova S. 2017. Adsorption of methylene blue on cashew nut shell based carbons activated with zinc chloride: The role of surface and structural parameters. J Mol Liq, 229: 465-471.

Spaltro A, Simonetti S, Torrellas S A, et al. 2018. Adsorption of bentazon on CAT and CARBOPAL activated carbon: Experimental and computational study. Applied Surface Science, 433: 487-501.

Srenscek-Nazzal J, Kaminska W, Michalkiewicz B, et al. 2013. Production, characterization and methane storage potential of KOH-activated carbon from sugarcane molasses. Ind Crop Prod, 47: 153-159.

Srivastava N K, Majumder C B. 2008. Novel biofiltration methods for the treatment of heavy metals from industrial wastewater. Journal of Hazardous Materials, 151(1): 1-8.

Srivastava V C, Mall I D, Mishra I M. 2008. Adsorption of toxic metal ions onto activated carbon: Study of sorption behavior through characterization and kinetics. Chem Eng Process, 47(8): 1275-1286.

Suganuma S, Nakajima K, Kitano M, et al. 2008. Hydrolysis of cellulose by amorphous carbon bearing SO_3H, COOH, and OH groups. Journal of the American Chemical Society, 130(38): 12787-12793.

Sun Y Y, Yue Q Y, Gao B Y, et al. 2012. Preparation of activated carbon derived from cotton linter fibers by fused NaOH activation and its application for oxytetracycline(OTC)adsorption. Journal of Colloid and Interface Science, 368: 521-527.

Tan I A W, Hameed B H, Ahmad A L. 2007. Equilibrium and kinetic studies on basic dye adsorption by oil palm fibre activated carbon. Chemical Engineering Journal, 127(1-3): 111-119.

Tay S B, Natarajan G, Rahim M N B, et al. 2013. Enhancing gold recovery from electronic waste via lixiviant metabolic engineering in Chromobacterium violaceum. Sci Rep, 3: 7.

Tham Y J, Latif P A, Abdullah A M, et al. 2011. Performances of toluene removal by activated carbon derived from durian shell. Bioresour Technol, 102(2): 724-728.

Tran H N, You S J, Chao H P. 2016. Effect of pyrolysis temperatures and times on the adsorption of cadmium onto orange peel derived biochar. Waste Manage Res, 34(2): 129-138.

Tran H N, You S J, Hosseini-Bandegharaei A, et al. 2017. Mistakes and inconsistencies regarding adsorption of contaminants from aqueous solutions: A critical review. Water Res, 120: 88-116.

Tributsch H. 2001. Direct versus indirect bioleaching. Hydrometallurgy, 59(2-3): 177-185.

Tyagi R D, Blais J F, Auclair J C. 1993. Bacterial leaching of metals from sewage sludge by indigenous iron-oxidizing bacteria. Environ Pollut, 82(1): 9-12.

Vardanyan N, Sevoyan G, Navasardyan T, et al. 2019. Recovery of valuable metals from polymetallic mine tailings by natural microbial consortium. Environ Technol, 40(26): 3467-3472.

Wang L M, Yin S H, Wu A X, et al. 2020. Synergetic bioleaching of copper sulfides using mixed microorganisms and its community structure succession. J Clean Prod, 245: 8.

Wang M M, Tan Q Y, Chiang J F, et al. 2017. Recovery of rare and precious metals from urban mines—A review. Front Env Sci Eng, 11(5): 17.

Wang Y L, Liu Z Y, Zhan L A, et al. 2004. Performance of an activated carbon honeycomb supported V_2O_5 catalyst in simultaneous SO_2 and NO removal. Chemical Engineering Science, 59(22-23): 5283-5290.

Wang Z F, Tang X, Yue G W, et al. 2015. Physical simulation of temperature influence on methane sorption and kinetics in coal: Benefits of temperature under 273.15 K. Fuel, 158: 207-216.

Watling H R. 2015. Review of biohydrometallurgical metals extraction from polymetallic mineral resources. Minerals, 5(1): 1-60.

Wu P, Wang Z Y, Wang H L, et al. 2020. Visualizing the emerging trends of biochar research and applications in 2019: A scientometric analysis and review. Biochar, 2(2): 135-150.

Wu Y H, Yang J L, Tang J, et al. 2017. The remediation of extremely acidic and moderate pH soil leachates containing Cu(II)and Cd(II)by native periphytic biofilm. J Clean Prod, 162: 846-855.

Xie J, Liang Y P, Zou Q L, et al. 2019. Prediction model for isothermal adsorption curves based on adsorption potential theory and adsorption behaviors of methane on granular coal. Energy Fuels, 33(3): 1910-1921.

Xie Y T, Xu Y B, Yan L, et al. 2005. Recovery of nickel, copper and cobalt from low-grade Ni-Cu sulfide tailings. Hydrometallurgy, 80(1-2): 54-58.

Xiong J, Liu X J, Liang L X. 2018. Application of adsorption potential theory to methane adsorption on organic-rich shales at above critical temperature. Environ Earth Sci, 77(3): 18.

Yagub M T, Sen T K, Afroze S, et al. 2014. Dye and its removal from aqueous solution by adsorption: A review. Adv Colloid Interface Sci, 209: 172-184.

Yang J A, Qiu K Q. 2010. Preparation of activated carbons from walnut shells via vacuum chemical activation and their application for methylene blue removal. Chemical Engineering Journal, 165(1): 209-217.

Yang J B, Yu M Q, Chen W T. 2015. Adsorption of hexavalent chromium from aqueous solution by activated carbon prepared from longan seed: Kinetics, equilibrium and thermodynamics. Journal of Industrial and Engineering Chemistry, 21: 414-422.

Yang J H, Yu X, Yang Y, et al. 2018. Physical simulation and theoretical evolution for ground fissures triggered by underground coal mining. PLoS One, 13(3): 30.

Yang S, Wu W, Xu J Z, et al. 2018. Modeling of methane/shale excess adsorption under reservoir conditions. SPE Reserv Eval Eng, 21(4): 1027-1034.

Yang Y C, Nazir S, Khalil W. 2022. A probabilistic approach toward evaluation of Internet rumor on COVID. Soft Comput, 26(16): 8077-8088.

Yang Y N, Chun Y, Sheng G Y, et al. 2004. pH-dependence of pesticide adsorption by wheat-residue-derived black carbon. Langmuir, 20(16): 6736-6741.

Ye M Y, Li G J, Yan P F, et al. 2017. Removal of metals from lead-zinc mine tailings using bioleaching and followed by sulfide precipitation. Chemosphere, 185: 1189-1196.

Ye M Y, Yan P F, Sun S Y, et al. 2017. Bioleaching combined brine leaching of heavy metals from lead-zinc mine tailings: Transformations during the leaching process. Chemosphere, 168: 1115-1125.

Yeon S H, Osswald S, Gogotsi Y, et al. 2009. Enhanced methane storage of chemically and physically activated carbide-derived carbon. Journal of Power Sources, 191(2): 560-567.

Yin S H, Wang L M, Wu A X, et al. 2018. Copper recycle from sulfide tailings using combined leaching of ammonia solution and alkaline bacteria. J Clean Prod, 189: 746-753.

Yoo J W, Kim T Y, Cho S Y, et al. 2005. Adsorption and desorption characteristics of malt- oligosaccharide for the surface treated activated carbons. Adsorpt-J Int Adsorpt Soc, 11: 719-723.

Yuen F K, Hameed B H. 2009. Recent developments in the preparation and regeneration of activated carbons by microwaves. Adv Colloid Interface Sci, 149(1-2): 19-27.

Yun S W, Kang D H, Ji W H, et al. 2020. Distinct dispersion of As, Cd, Pb, and Zn in farmland soils near abandoned mine tailings: Field observation results in South Korea. J Chem, 2020: 13.

Zeng J, Gou M, Tang Y Q, et al. 2016. Effective bioleaching of chromium in tannery sludge with an enriched sulfur-oxidizing bacterial community. Bioresour Technol, 218: 859-866.

Zhang L M, Dong H L, Liu Y, et al. 2018. Bioleaching of rare earth elements from bastnaesite-bearing rock by actinobacteria. Chem Geol, 483: 544-557.

Zhang X Y, Gao B, Creamer A E, et al. 2017. Adsorption of VOCs onto engineered carbon materials: A review. Journal of Hazardous Materials, 338: 102-123.

Zhappar N K, Shaikhutdinov V M, Kanafin Y N, et al. 2019. Bacterial and chemical leaching of copper-containing ores with the possibility of subsequent recovery of trace silver. Chem Pap, 73(6): 1357-1367.

Zhou B L, Li Z X, Chen C C. 2017. Global potential of rare earth resources and rare earth demand from clean technologies. Minerals, 7(11): 14.